TRAITÉ POPULAIRE

SUR

L'AIR ATMOSPHÉRIQUE

PAR

EUGÈNE HOFFMANN

PRÉPARATEUR AU LYCÉE MICHELET
PROFESSEUR DE PHYSIQUE A L'ASSOCIATION PHILOTECHNIQUE
DE PARIS

PARIS

LIBRAIRIE DE LA FRANCE SCOLAIRE

17, RUE GUÉNÉGAUD, 17

—

1896

TRAITÉ POPULAIRE

L'AIR ATMOSPHÉRIQUE

DU MÊME AUTEUR

En préparation :

Une série d'ouvrages scientifiques, sur **Le Feu, La Terre** et **l'Eau,** suivront périodiquement le **Traité populaire sur l'air atmosphérique.**

On peut souscrire dès maintenant pour toute la Série, avec réduction, à la *Librairie de la France Scolaire* : les 4 ouvrages, **5** fr. au lieu de **6** fr. **40.**

SAINT-AMAND, CHER. — IMP. BUSSIÈRE FRÈRES.

TRAITÉ POPULAIRE

SUR

L'AIR ATMOSPHÉRIQUE

PAR

EUGÈNE HOFFMANN

PRÉPARATEUR AU LYCÉE MICHELET
PROFESSEUR DE PHYSIQUE A L'ASSOCIATION PHILOTECHNIQUE
DE PARIS

PARIS

LIBRAIRIE DE LA FRANCE SCOLAIRE

17, RUE GUÉNÉGAUD, 17

—

1896

PRÉFACE

Le Traité populaire sur l'Air Atmosphérique
que nous présentons aujourd'hui au public,
repose sur des données empruntées aux sources
les plus autorisées et les plus récentes, sources
que nous indiquons d'ailleurs à la fin de l'ou-
vrage. Ce travail représente tout un ensemble de
documents, que l'on s'est attaché à placer à la
portée de ceux qui n'ont qu'une instruction gé-
nérale élémentaire, et plus spécialement des
élèves des cours d'adultes (Associations Philo-
technique, Polytechnique et autres). L'expérience
que nous avons de cette sorte d'enseignement par-
ticulier, que nous pratiquons depuis de nom-
breuses années à Paris, nous a fait donner la
préférence à la forme didactique, qui permet
d'entasser un grand nombre de matériaux en
peu de pages. C'est aussi ce qui a permis de ren-

dre le volume accessible à toutes les bourses; ce n'est d'ailleurs point un livre de lecture attrayante, mais exclusivement, par sa forme même, un livre d'étude.

L'idée première de notre travail revient à la Smithsonian Institution de Washington, qui demandait, il y a quelque temps : « Un traité populaire sur l'Air atmosphérique, ses propriétés, ses relations avec l'hygiène physique et morale; l'essai ne devrait comprendre que 20 000 mots et être traduit en un langage simple, propre à une publication d'instruction populaire. » C'est ce programme que nous avons essayé de réaliser. Puisse notre essai rendre quelque service à ceux qui ont le désir de s'instruire sur l'état actuel de nos connaissances sur l'atmosphère ! Notre but sera atteint, si nous pouvons contribuer, dans la mesure de nos faibles moyens, à faire participer quelque peu aux connaissances de la science humaine les déshérités de l'instruction et de l'enseignement populaires.

E. H.

Paris, 1er juillet 1896.

TRAITÉ POPULAIRE

SUR

L'AIR ATMOSPHÉRIQUE

I

Coup d'œil général sur la nature de l'atmosphère.

Composition générale qualitative de l'air atmosphérique.
— Détermination des éléments gazeux principaux.

La masse gazeuse, qui enveloppe le globe terrestre
en baignant les mers et les continents, a été désignée
sous le nom d'atmosphère ou air atmosphérique Cette
atmosphère se compose d'éléments gazeux : oxygène,
azote, acide carbonique, qui y entrent dans une proportion à peu près constante, si toutefois l'on néglige
les modifications purement accidentelles ou locales ;
de plus, elle renferme tous les gaz ou vapeurs qui

sont produits naturellement à la surface du sol ou sur
les mers, ou qui sont dus à l'industrie humaine. C'est,
ainsi, par exemple, qu'elle emprunte à l'évaporation
des eaux à la surface des mers, des fleuves, des lacs,
en un mot de tous les amas liquides à ciel ouvert,
la vapeur d'eau dont l'importance dans les phénomènes
de la vie est aussi considérable que dans la production
des phénomènes météorologiques. En outre, on y
trouve des poussières solides empruntées à la croûte
terrestre, un grand nombre de corpuscules apparte-
nant au règne animal ou au règne végétal, enfin une
foule d'êtres organisés, microscopiques qui, balayés
par les vents, sont répartis ici et là à la surface des
continents et des mers (germes des fermentations,
microbes).

Regardé par les anciens comme un élément, c'est-à-
dire comme un corps gazeux unique, l'air n'est véri-
tablement connu dans sa nature que depuis Lavoisier,
qui, au siècle dernier, exécuta ses immortels travaux
sur l'air atmosphérique et fit voir qu'il ne se compose
pas d'un seul gaz, mais bien de deux. En chauffant
du mercure en présence d'air, en vase clos, il parvint
à fixer l'un des éléments gazeux, l'oxygène, sur le mercure et à isoler l'autre, l'azote. Lavoisier put même
donner une première idée de la proportion des deux gaz
dont le mélange constitue l'air. Depuis, des méthodes
plus précises ont permis de déterminer ce rapport
avec plus d'exactitude, et on sait aujourd'hui que 100

grammes d'air contiennent 23^{gr} 13 d'oxygène ou gaz particulièrement propre à la vie animale (respiration) et 76^g 87 d'azote ou gaz inerte qui semble devoir tempérer le rôle actif de l'oxygène.

Pour faire l'analyse de l'air, on en prend un volume déterminé et on fait absorber l'oxygène par un corps convenable. La chimie apprend que beaucoup de composés sont susceptibles d'absorber l'oxygène, et on comprend facilement qu'avec les progrès de la science, le nombre des méthodes d'analyse ait augmenté. C'est ainsi que l'oxygène peut être absorbé par le phosphore à chaud ou à froid, le cuivre chauffé au rouge, l'acide pyrogallique et la potasse, le mercure chauffé à une température voisine de son point d'ébullition, etc., etc... Remarquons que nous n'avons point cité d'absorbants de l'azote : c'est, en effet, un gaz qui entre difficilement en combinaison avec les autres corps. Aussi dose-t-on toujours l'azote par différence.

Les procédés d'analyse de l'air que nous venons de signaler sont des procédés chimiques. On peut aussi employer des méthodes physiques, par exemple en utilisant cette propriété que, sous l'influence de l'étincelle électrique, l'oxygène peut s'unir à l'hydrogène pour donner de l'eau. C'est là la méthode eudiométrique qui eut un si grand retentissement au moment où Gay-Lussac l'inaugura et qui peut s'appliquer au dosage de l'air soit à l'aide de l'eudiomètre à eau, soit avec l'eudiomètre à mercure.

1*

Oxygène et azote, voilà les éléments fondamentaux de l'air, ceux qui entrent d'une façon constante dans sa composition. Il y en a pourtant un autre qui joue un grand rôle dans les phénomènes de la vie terrestre : c'est l'acide carbonique qui dans l'air n'entre cependant que dans une proportion très faible vis-à-vis de l'oxygène et de l'azote. Les procédés de détermination de l'acide carbonique ont indiqué une moyenne de 3 centilitres par 100 litres d'air. Pour faire cette détermination, on prend un volume connu d'air et on fait absorber l'acide carbonique par une base, soit un alcali, potasse ou soude, soit par la baryte. On peut d'ailleurs déceler d'une façon bien simple l'existence du gaz carbonique dans l'air : il suffit d'exposer à son action une dissolution limpide d'eau de chaux ; elle se recouvre bientôt d'une pellicule de carbonate de chaux.

La composition de l'air en O, Az, CO^2 [1] ne subit que des oscillations diurnes et locales très faibles. Ainsi, à la surface de la mer, on trouve une proportion un peu plus faible d'O. Ceci tient à ce qu'une partie de l'O. de l'air est dissoute dans l'eau où elle sert à la respiration des poissons. De même, après la pluie, on constate que la quantité de CO^2 est plus faible, car

---

[1] O est le symbole chimique de l'oxygène.
Az est le symbole chimique de l'azote.
CO^2 est le symbole chimique du gaz carbonique.

ce gaz, très soluble dans l'eau, a été entrainé en partie par la pluie. Aux heures où la mer s'échauffe, son pouvoir dissolvant pour O et CO_2 diminue et l'atmosphère s'enrichit inégalement en ces 2 gaz. Dans des climats très chauds, où se trouvent accumulés des corps nitrés et où se forment beaucoup d'oxydations de matières organiques, la teneur en O baisse rapidement. CO_2 paraît encore plus abondant la nuit que le jour et diminue quand on s'élève dans l'air, etc. Si on laisse de côté ces petites modifications accidentelles, on peut dire que l'O., l'Az, le gaz CO_2 entrent en proportion constante dans l'air atmosphérique. C'est en effet ce qu'ont montré les analyses faites sur de l'air pris à différentes altitudes, en divers lieux, soit sur les continents, soit sur les mers, dans les montagnes et aussi dans les ascensions aérostatiques. Les modifications constatées dans les différentes expériences faites à ce sujet sont tellement faibles qu'on peut rigoureusement les considérer comme complètement insensibles et comme n'altérant en rien ce qu'on peut appeler la composition permanente normale de l'air.

Parmi les éléments, qui entrent d'une façon variable dans l'air, se trouvent la vapeur d'eau qui, en se condensant, donne naissance aux nuages, à la pluie, à la neige, etc. Pour constater sa présence dans l'air qui nous environne, il suffit d'exposer à son action un vase contenant un liquide froid, l'eau se condensera sur lui. Pour mesurer la quantité de vapeur qui existe dans un volume donné d'air, on a recours à la méthode chimique qui consiste à absorber cette vapéur par un corps avide d'eau, tel que l'acide sulfurique : l'augmentation de poids de cet acide donnera le poids de la vapeur. On peut encore avoir recours à des méthodes physiques et s'adresser aux instruments employés dans les observatoires météorologiques (hygromètres — psychromètres, etc). Nous pouvons remarquer ici en passant l'importance de la vapeur d'eau atmosphérique dans les phénomènes météorologiques. Cette vapeur empruntée aux grands amas liquides qui constituent les 4/5 de la surface de notre planète se trouve entrainée dans l'atmosphère, transportée par les vents en certaines parties du globe où elle produira sous l'influence de causes diverses, actions électriques, calorifiques ou même simplement mécaniques, les phénomènes bien connus de la pluie, de la grêle, de la neige, du brouillard, etc. Elle pourra ainsi reprendre l'état liquide, se répandre sous cette forme à la surface du sol et retourner aux grandes masses d'eaux terrestres, après avoir traversé un cycle des plus curieux qui se renouvelle sans cesse.

Tels sont les éléments les plus importants de l'air, ceux dont la connaissance nous suffit pour commencer l'étude physique de l'atmosphère et pouvoir nous rendre compte du rôle que cette masse gazeuse joue dans la vie terrestre. Nous nous contenterons donc maintenant, pour compléter l'énumération des matières qui

composent notre atmosphère, de signaler la présence
accidentelle de l'ammoniaque, de l'acide azotique, de
l'azotite et de l'azotate d'ammoniaque, de carbures
d'hydrogène, d'ozone, etc., dont le rôle sera étudié un
peu plus loin. Disons enfin que beaucoup de substances salines, de particules organiques et organisées
ont pour véhicule l'air. Nous aurons ainsi une première
idée de la composition générale et de la nature de
l'atmosphère.

II

Phénomènes physiques où intervient l'action de l'atmosphère.

L'air est pesant. — Existence de la pression atmosphérique : Expériences de Torricelli, de Pascal ; Expériences
diverses avec la machine pneumatique. — Action de la
pression sur l'organisme. — Baromètres métalliques. —
Mesure de l'altitude par le baromètre. Poussée atmosphérique : Pesées aériennes. — Chute des corps. Résistance
de l'air. — Aérostats et Ballons ; Vol des oiseaux. —
Pompes ; Siphons. — Thermomètre à air. — Tension de
la vapeur d'eau atmosphérique ; Evaporation aérienne. —
Production du froid : liquéfaction des *gaz permanents*
— Ebullition dans l'air. — Thermomètre hypsométrique.
— Air dissous dans les liquides : son importance. — Phénomènes sonores, lumineux, électriques dans l'atmosphère.

L'air est donc essentiellement un mélange de corps
gazeux et de vapeurs ; il possède à ce titre, les pro-

priétés générales des gaz : c'est un fluide élastique et compressible. Les Anciens croyaient l'air dénué de pesanteur. Ce fut Galilée qui, le premier, fit voir que l'air est pesant, en montrant qu'un récipient, dans lequel on comprime de l'air, augmente de poids. Aujourd'hui, d'après les expériences précises de Regnault on sait que la masse du litre d'air sec à 0 degré sous la pression de 760 millimètres de mercure à 60 mètres d'altitude et à Paris est de 1^{gr} 293. L'air n'échappe donc pas à la loi générale de la pesanteur qui régit tous les corps sur notre planète, et si nous voulons nous considérer comme perdus au fond d'un immense océan aérien, nous comprendrons facilement que cette masse gazeuse qui enveloppe le globe doit produire sur le sol terrestre ainsi que sur la mer, une pression, absolument comme le fait une masse liquide sur le fond du vase qui la renferme. L'existence de la pression atmosphérique fut montrée par une expérience célèbre due à un élève de Galilée, Torricelli ; elle exerça la sagacité et fit l'étonnement de tout le monde savant de l'époque. Cette expérience bien simple consiste à faire équilibre à la pression atmosphérique à l'aide d'une colonne de mercure. Torricelli trouva du même coup (1644) la démonstration de l'existence de la pression de l'atmosphère et sa mesure exacte, car son expérience nous conduit, sans grande modification, aux appareils devenus d'un usage si général et connus depuis sous le nom de *Baromètres*.

Pour répéter l'expérience de Torricelli, on prend un tube de verre de 1 mètre de long ; on le remplit de mercure, on le ferme avec le doigt ; après avoir balayé l'air adhérent au verre aussi bien que possible, on le renverse sur une cuve renfermant du mercure ; puis, quand le tube est bien plongé dans le liquide, on lâche le doigt. Le phénomène intéressant, qui se présente alors, est le suivant : le mercure quitte le sommet du tube et s'arrête à une certaine hauteur ; c'est cette colonne de mercure qui fait équilibre à la pression atmosphérique qui s'exerce à la surface du mercure dans la cuvette ; cette pression est, à Paris, en moyenne d'environ 76 centimètres, c'est-à-dire que la pression atmosphérique équivaut à la pression exercée par une colonne de mercure de 76 centimètres de haut. Dès lors, la pression atmosphérique s'exprimera couramment en hauteurs de mercure ; un calcul simple permet d'ailleurs de calculer le poids d'une colonne de mercure d'une certaine hauteur. Ainsi la pression de 76 centimètres est une pression de $1^{kgr}0333$ par centimètre carré ou de 10333 kilogrammes par mètre carré.

Pour s'assurer que l'explication fournie par Torricelli était la bonne, Pascal eut l'idée de s'assurer qu'en répétant l'expérience au sommet d'une tour, (la Tour Saint-Jacques à Paris), d'une montagne (le Puy-de-Dôme en Auvergne), la colonne du mercure devait être moins élevée, puisqu'il y avait à intervenir en moins la pression de l'air qui s'élève jusqu'au sommet de la tour et de la montagne ; c'est ce que l'expérience vérifia. Il eut encore l'idée de varier la nature du liquide destiné à équilibrer la pression de l'atmosphère ; il comprit que la hauteur de ces différents corps soulevée dans le tube de Torricelli devait être en raison inverse des densités. C'est ce que l'expérience confirma pleinement ; dès lors, la preuve de l'existence de la pression de l'atmosphère était faite ; sa mesure précise allait bientôt s'effectuer. Il suffit de reprendre l'expérience de Torricelli en s'entourant de certaines précautions, pour empêcher par exemple des bulles d'air de séjourner avec le mercure dans le tube, pour assurer la verticalité parfaite de ce tube, et l'on aura le baromètre de précision — à mercure — moderne.

Beaucoup d'expériences curieuses montrent encore l'existence de la pression atmosphérique. Pour les faire, il suffit d'employer la machine pneumatique qui permet de diminuer la pression de l'air à la surface interne d'un récipient dont la face externe baignée par l'atmosphère en subit la pression : ce sont, par exemple, le *crève-vessie*, le *coupe-pomme*, les *hémisphères de Magdebourg*, le *jet d'eau dans le vide*, la *pluie de mercure*, etc. dont les noms indiquent suffisamment les effets et dont la description est assez simple pour que nous n'y insistions pas.

Comment se fait-il que nos organes puissent supporter au fond de l'atmosphère une pression si considérable ? Ceci tient à ce que l'organisme contient à son intérieur de petites cavités renfermant des liquides ou des gaz dont la force élastique contrebalance celle de l'atmosphère. Quand nous descendons dans les mines ou dans la mer (scaphandre), les gaz intérieurs se trouvant à une pression plus faible, il se produit des congestions des vaisseaux sanguins de l'extérieur vers l'intérieur, d'où des troubles dans l'organisme. De même lorsqu'on s'élève en ballon ou dans les ascensions de montagnes, on éprouve des malaises, dont une partie est due à des déchirements de vaisseaux provenant de l'inégalité de pression des gaz intérieurs et de l'atmosphère.

C'est encore sur les mêmes principes que sont fondés les baromètres métalliques aujourd'hui si employés si peu encombrants et dont l'usage s'est substitué à celui des baromètres à mercure partout où l'on n'a pas intérêt à avoir dans la mesure de la pression une précision extrême. Ils se composent, d'une façon générale, d'une boîte dans laquelle on a fait intérieurement le vide. La paroi supérieure de cette boîte est formée d'une membrane très mince qui suit les fluctuations de la pression de l'atmosphère Un mécanisme convenable transmet, en les amplifiant, les mouvements de cette paroi à une aiguille qui se meut sur un cadran. On gradue d'ailleurs l'instrument par comparaison avec un bon baromètre à mercure.

Les expériences de Pascal devaient conduire à une

application pratique du baromètre : la mesure des hauteurs aériennes (montagnes, ballons) par l'observation de la dépression de la colonne mercurielle. Malheureusement, la température joue un certain rôle dans le phénomène, et la loi suivant laquelle la température diminue avec la hauteur de l'air n'est qu'imparfaitement connue, aussi est-il difficile de pouvoir déduire de l'observation du baromètre une mesure exacte, rigoureuse, précise de la hauteur. L'instrument ne peut que jouer le rôle d'un indicateur précieux par comparaison.

Pour les mêmes raisons, il est difficile de connaître avec précision la hauteur de l'enveloppe aérienne qui nous exile sur notre planète d'autant plus que les méthodes indirectes fondées sur des observations astronomiques ont donné des nombres complètement différents. Tout ce que l'on peut dire, c'est que cette enveloppe doit affecter la forme générale de la terre, tout en formant un sphéroïde plus aplati que le globe terrestre, parce que ses différentes parties obéissent plus facilement à l'action de la force centrifuge.

Tous les corps plongés dans l'air y éprouvent une poussée analogue à celle éprouvée par les corps dans l'eau : mais, la densité de l'air étant faible, la poussée n'aura en général que peu d'importance. On peut montrer son existence à l'aide du *baroscope.* C'est un fléau de balance équilibré par 2 boules métalliques de dimensions très différentes. L'équilibre n'est qu'appa-

rent : si on fait le vide autour de l'appareil, la poussée sur chaque boule change par suite du changement
de densité. L'équilibre est détruit et le fléau s'incline.
Il s'ensuit que toutes les pesées effectuées dans l'air
sont en général inexactes et pour des expériences de
haute précision, il y a lieu de faire une correction
relative à l'influence de la poussée. Pour les corps solides et liquides, cette correction est insignifiante, la
densité de ces corps étant bien supérieure à celle de
l'air ; mais il n'en est plus de même quand on pèse
des gaz, la correction étant alors de l'ordre de grandeur de la quantité qu'on mesure.

Il résulte comme conséquence de la poussée atmosphérique (Principe d'Archimède) que les corps qui se
trouvent dans l'air et dont la densité est plus grande
que celle de l'air doivent tomber au fond de cet air.
C'est le phénomène ordinaire bien connu de la chute
des corps. La loi du phénomène est très complexe,
car l'air oppose aux différents corps qui tombent une
résistance variable qui croît avec la vitesse de chute.
Sans l'air, tous les corps solides tomberaient également
ment vite (tube de Newton) ; les corps liquides avec
des vitesses croissantes, proportionnelles au temps,
tomberaient d'un bloc comme les solides ; c'est ce que
nous montre l'expérience du *marteau d'eau* ; c'est un
tube en verre qui contient uniquement de l'eau, sans
air. L'air intervient dans la chute ordinaire d'un liquide pour séparer ses différentes particules, ce qui

fait qu'un liquide tombe en pluie surtout quand la chute a lieu d'une certaine hauteur. C'est alors que l'air entraîné par l'eau donne naissance à l'écume en produisant là un des phénomènes naturels des plus curieux, (chute du Rhin, chute du Niagara, etc.). Rappelons que la loi de la résistance de l'air a été utilisée par le mécanicien pour obtenir des mouvements uniformes à l'aide d'ailettes convenablement disposées (tourne-broche).

Revenons au principe d'Archimède : Les corps qui ont la même densité que l'air y flottent. Ceux qui ont une densité plus faible montent dans l'atmosphère. Comme la densité de l'air va en diminuant à mesure que l'on s'élève, ils finissent par rencontrer une couche aérienne qui a exactement la même densité : ils y restent suspendus. C'est le cas ordinaire des ballons et des aérostats. Ils sont constitués par une enveloppe aussi imperméable que possible, renfermant un gaz plus léger que l'air, de l'hydrogène ou du gaz d'éclairage. Elle est recouverte d'un filet qui supporte une nacelle où se placent les aéronautes, le lest et les autres accessoires. L'aérostat doit être incomplètement rempli de façon que l'enveloppe ne soit pas parfaitement tendue à terre, car dans les régions supérieures de l'atmosphère, où l'air est moins dense, il se produit ce qu'on réalise en petit à l'aide de la machine pneumatique dans l'expérience de la vessie dans le vide ; les parois se tendent peu à peu et à un certain moment, la rupture de l'enveloppe peut se produire.

La force qui fait monter le ballon ou force ascensionnelle est la différence entre le poids total de l'appareil
et la poussée de l'air ; cette différence doit être assez
faible pour que l'ascension du ballon ne soit pas trop
rapide ; au fur et à mesure que le ballon s'élève, sa
force ascensionnelle varie, la poussée va en diminuant
et d'ailleurs l'imperméabilité de l'enveloppe n'étant
jamais parfaite, il y a toujours échange plus ou moins
lent entre le gaz de l'aérostat et l'air extérieur. Dans
les régions élevées, les aéronautes manquent de points
de repère, pour déterminer la hauteur ; ils n'ont
d'autre ressource que d'observer le baromètre. Quand
ils veulent monter, ils jettent du lest ; quand ils veulent descendre, ils laissent échapper du gaz en ouvrant
une soupape qui se trouve à la partie supérieure du
ballon et qu'on manie de la nacelle à l'aide d'une corde.
Grâce à ces moyens, on peut en général choisir le
lieu d'atterrissement d'un ballon.

Le vol des oiseaux se rattache à des phénomènes du
même ordre. L'étude de l'aviation a fait de grands progrès dans ces dernières années à la suite de recher-
ches qui avaient pour but de trouver une solution au
problème des ballons dirigeables.

L'atmosphère ne peut guère être étudiée directement
au delà de 10 kilomètres d'altitude au dessus du niveau de la mer. A cette hauteur, l'air très raréfié ne
contient plus assez d'oxygène pour suffire aux besoins
de la respiration. (Catastrophe du « Zénith » en 1875).

Nous avons vu que l'atmosphère exerce une pression considérable sur tous les objets à la surface du sol ; c'est ce qui rend assez difficile de conserver le vide dans les appareils où l'on a raréfié un gaz. C'est encore à la pression atmosphérique qu'est due l'ascension de l'eau dans les pompes. C'est une colonne d'eau de 10^m3 environ qui fait équilibre à la pression atmosphérique : c'est pourquoi les fontainiers de Florence ne purent élever l'eau au-delà de cette hauteur. C'est encore grâce à la pression atmosphérique que se produit l'écoulement des liquides par les siphons. Le siphon est un tube coudé à deux branches inégales qui permet d'amener par sa grande branche un liquide à un niveau inférieur à celui qu'il a dans l'autre. Le siphon doit être amorcé, c'est à-dire rempli du liquide qu'on veut transvaser. L'écoulement se fait alors d'une façon continue, la tranche terminale du liquide étant soumise sur ses deux faces à des pressions différentes, obéit à la plus grande et s'écoule, et ainsi de suite pour les différentes particules de liquide, qui viennent prendre sa place.

L'atmosphère étant une masse gazeuse est éminemment dilatable. Ses dilatations ont une grande importance au point de vue météorologique, comme nous le verrons plus loin. Nous nous contenterons de signaler ici l'emploi que l'on a fait du thermomètre à air dans les expériences où l'on veut déterminer avec précision les températures.

L'air est en réalité un mélange de gaz et de vapeurs. Dalton a reconnu que les vapeurs acquièrent dans les gaz la même tension que dans le vide. Ceci est important pour la vapeur d'eau. Les nombres trouvés comme tensions dans le vide aux différentes températures étant ceux qui conviendront pour la vapeur d'eau atmosphérique au milieu du mélange d'O, et d'Az qui constitue l'air. Les phénomènes d'évaporation jouent un rôle considérable dans l'histoire dé l'air, puisque c'est à elle qu'est due la présence de la vapeur dans l'atmosphère et peut-être aussi, une partie de l'électricité aérienne. L'agitation de l'air active l'évaporation ; c'est là une propriété utilisée dans les séchoirs.

Lorsqu'un liquide s'évapore sans qu'on lui fournisse directement de chaleur, ce liquide se refroidit, d'où les dangers des courants d'air, quand on est en sueur. C'est encore à l'aide de courants d'air arrivant dans des liquides dont les points d'ébullition sont notablement inférieurs à la température de l'air ambiant qu'on peut produire des froids considérables. Ainsi le chlorure de méthyle, l'acide sulfureux qui bout à — 10°, en s'évaporant rapidement à l'air, abaissent la température à — 20° ou — 30°. Si l'on fait passer dans le liquide qui s'évapore un courant d'air, la température peut s'abaisser à — 50° ou — 60°. Le mercure peut s'y solidifier. Par l'évaporation de CO_2 ou de l'éthylène liquide, si surtout l'évaporation se fait dans le vide, ou peut obtenir une température suffisante pour congeler l'alcool. C'est l'application de ce principe qui a permis à MM. Olszeski et Wrobleski de liquéfier tous les gaz réputés autrefois permanents et de les obtenir en masses liquides d'un volume notable. C'est ce qu'on a fait pour l'O et l'Az purs. L'air lui-même a pu être liquéfié et solidifié : L'expérience a été faite à Londres en 1893 par Dewar.

La pression atmosphérique joue un grand rôle dans un phénomène physique important : l'ébullition. L'ébullition d'un liquide à l'air se produit à une température telle que la tension de sa vapeur soit au moins égale à la pression de l'atmosphère qui le baigne. Prenons, pour fixer les idées, une pression particulière, la pression 76. Comme c'est à 100° que la tension de la vapeur d'eau égale 76 centimètres, ce sera à 100° que l'eau entrera en ébullition sous cette pression. Si la pression est moindre, l'eau entrera en ébullition à une température plus basse. C'est ce qui se produit dans les régions de montagnes, aux altitudes élevées où, par suite de ce fait, la cuisson des aliments devient difficile. Ainsi, au sommet du mont Blanc, l'eau bout à 85°, à Quito à 90°. C'est ce qu'avait montré Franklin en imaginant son expérience célèbre qui consiste à enfermer un liquide entouré d'une atmosphère de vapeur en vase clos, puis à refroidir la vapeur de façon à diminuer sa pression : on arrive à faire bouillir un liquide à n'importe quelle température. La température d'ébullition des corps est une

constante très importante ; mais il ne faut pas perdre
de vue que ce nombre n'a de valeur qu'autant qu'on
détermine en même temps la pression. On admet généralement qu'à une variation de pression de 27 millimètres correspond une variation de 1° dans le point d'ébullition Signalons en passant l'application qui a été faite
par Wollaston pour mesurer la pression atmosphérique,
en observant la température d'ébullition d'un liquide
connu : (thermomètre hypso-métrique).

La présence de l'air dans un liquide qu'on veut sou-
mettre à l'ébullition est absolument nécessaire, pour
que cette ébullition se produise. Il est extrêmement
difficile d'arriver à faire bouillir une masse liquide complètement privée d'air ; mais si l'on vient à faire pénétrer dans le liquide surchauffé la moindre parcelle d'air,
il y a immédiatement production d'une ébullition tu-
multueuse. C'est la connaissance de ce phénomène qui
a permis au commandant Trève de signaler une cause
d'explosion des chaudières, assez longtemps méconnue.
Au moment où chauffant de l'eau déjà privée d'air par
une longue ébullition, on y faisait arriver de l'eau ordinaire aérée, une explosion se produisait bien souvent, due à une ébullition instantanée.

En effet, l'eau ordinaire contient les gaz de l'air
O, Az, CO^2, en vertu d'une loi générale qui permet aux
gaz de se dissoudre dans les liquides. L'air dissous
dans l'eau est bien plus riche en O que l'air atmosphérique. On a même tiré de ce fait une preuve que l'air

est un mélange de ces deux gaz et non une combinaison. Si l'on place des gaz en présence de solutions salines, les quantités de gaz dissous sont très variables, ce sont ces variations qui font varier la valeur des eaux diverses prises comme boissons. Le sang lui-même qui, dans les organes de la respiration, vient au contact de l'air, prend une quantité de gaz qui dépend de la nature et de la quantité des sels dissous, si certains de ces sels s'écartent de la proportion normale, on conçoit qu'il puisse y avoir une relation entre ces écarts et certains troubles respiratoires. L'air dissous dans les différents liquides, quoique ne faisant plus partie de l'atmosphère, a donc encore une grande importance.

Les phénomènes physiques de liquéfaction des vapeurs ont leur intérêt pour l'atmosphère, puisque nous savons que la pluie est produite par la vapeur d'eau atmosphérique ; mais nous l'étudierons avec les autres phénomènes météorologiques.

Arrivons maintenant à une série de phénomènes très importants qui ont pour théâtre l'atmosphère : je veux parler des phénomènes sonores. Un son est produit par un corps animé d'un mouvement vibratoire très rapide. Ce mouvement est transmis à l'oreille par l'air. La nature de l'air ambiant a une influence sur l'intensité du son. L'air raréfié la diminue. On constate très bien l'affaiblissement de la voix humaine dans les ascensions de montagne et dans les voyages en ballon. Tous les sons se propagent dans l'air avec

la même vitesse. C'est ce qui nous permet d'entendre
de loin, avec son caractère, un morceau de musique.
La propagation du son n'est pas instantanée. C'est ce
qu'on peut vérifier chaque fois qu'un phénomène sonore est accompagné d'un phénomène visible à l'œil
ou d'un phénomène lumineux. On entend le coup
frappé par la cognée d'un bûcheron, qu'on voit au
loin, quand l'instrument apparaît en l'air. C'est sur
ce fait qu'est fondée la méthode qui servit, en 1822,
au Bureau des longitudes, à déterminer la vitesse du
son dans l'air. Elle est voisine de 340 mètres par seconde. Le son ne se propage pas dans le vide. C'est donc
à l'atmosphère que nous devons les sensations musicales. La voix humaine est due aux vibrations de l'air
qui pénètrent dans la trachée. Enfin, c'est encore en
transmettant à une petite membrane par l'intermédiaire de l'air, les vibrations produites par la voix humaine, que M. Edison a pu, dans le phonographe, en-
registrer les sons émis dans la parole.

L'atmosphère est encore le siège de nombreux phénomènes lumineux, puisque toute lumière doit traverser l'atmosphère en totalité ou en partie avant de
parvenir à notre œil. L'air est transparent, c'est-à-dire
que la lumière peut le traverser. Notre atmosphère
nous est d'un puissant secours pour voir les objets.
Sans elle il n'y aurait pas de lumière diffuse. Les objets à l'ombre, au lieu d'être éclairés, seraient complètement obscurs. Ce sont les nuages qui, en ren-

voyant la lumière dans tous les sens, éclairent tous les objets terrestres.

L'atmosphère est le siège de phénomènes de réfraction intéressants. La masse atmosphérique, depuis ses limites reculées, jusqu'à la surface du globe, constitue une masse non homogène, dont la densité varie constamment. Il s'ensuit qu'un rayon lumineux éprouve, par suite de son passage dans les différentes couches de l'atmosphère, une série de réfractions ou de déviations qui l'écartent de sa direction primitive. On ne voit donc jamais de la terre un astre dans sa direction vraie. Il paraît toujours plus rapproché du zénith qu'il ne l'est en réalité. C'est ce qui fait que les astres apparaissent au dessus de l'horizon alors qu'en réalité ils se trouvent encore au-dessous de ce plan qui serait la limite de notre vision, si l'atmosphère n'existait pas. C'est encore à l'inégalité de densité des couches d'air qui subissent irrégulièrement l'influence du voisinage du sol que l'on doit rapporter les phénomènes curieux du mirage.

L'atmosphère est capable de détruire, ou, comme l'on dit, d'absorber certains rayons lumineux. On le constate en décomposant par le prisme la lumière solaire. On sait que cette décomposition donne lieu à une série de couleurs, rangées par Newton dans l'ordre suivant : violet — indigo — bleu — vert — jaune — orangé — rouge. Ces bandes lumineuses présentent entre elles un certain nombre d'intervalles obscurs ou de raies. Les unes sont fixes, les autres augmentent d'intensité, à mesure que le soleil se rapproche de l'horizon, que la couche d'air traversée augmente : ce sont les raies telluriques, qui correspondent aux lumières absorbées par l'atmosphère.

Des phénomènes des plus importants dans l'étude de l'atmosphère sont les phénomènes électriques qui sont essentiellement des phénomènes terrestres, l'électricité, comme le son, ne traversant pas le vide. L'étude générale de ces phénomènes sera faite en étudiant les phénomènes météorologiques ; mais nous pouvons dire ici que l'air sec est un bon isolant, c'est-à-dire qu'il permet aux corps électrisés en contact, de conserver leur électricité pendant un certain temps. Dès qu'il devient humide, il perd ses propriétés ; d'où cette précaution bien connue d'entourer d'air sec un corps que l'on voudra conserver électrisé.

En ce qui regarde les propriétés physiques de l'air, disons qu'il est incolore sous une petite épaisseur, bleuâtre sous une grande, insipide, inodore, à moins qu'il ne soit électrisé. Sa densité par rapport à l'eau est $\frac{1}{773}$. Ajoutons que l'air atmosphérique est un excellent conservateur de la chaleur. La laine et les tissus doivent leurs propriétés préservatrices du froid à ce qu'ils emprisonnent une masse d'air qui isole, en quelque sorte, le corps, des influences extérieures (duvet des oiseaux.) C'est encore cette propriété qui est utilisée quand, dans les pays froids, on emploie les doubles fenêtres pour se garantir des intempéries des saisons.

III

Phénomènes météorologiques atmosphériques.

Absorption de la chaleur solaire par l'atmosphère : actinométrie. Température moyenne de l'air en un lieu. Distribution de la température dans l'atmosphère. — Vents :
vents périodiques constants, réguliers. Vitesse des vents :
Anémomètres. Trombes, Tornados, Cyclones, Typhons. —
Oscillations barométriques: Maximum et minimum. Variations de la pression avec l'altitude et la latitude. — Vapeur
d'eau atmosphérique : son rôle comme régulateur calorifique. Pluie. Régime pluvial. Variation de la pluie avec l'altitude. Production artificielle de la pluie. Rosée. Gelée blanche. Lune rousse. Givre. Brouillard. Nuages. Grêle. Grésil.
Verglas. Evaporation des eaux de pluie. — Potentiel électrique de l'atmosphère: expériences montrant l'électricité des
nuages. Tonnerre. Eclairs. Choc en retour. Paratonnerres
Franklin, Melsens. — Arc-en-ciel ; halos. — Météorites.

Toute la chaleur, qui arrive à la surface de la terre,
nous vient du soleil, après avoir franchi les espaces

inter-planétaires, qui sont considérables, puis l'atmosphère terrestre. Une partie de la chaleur solaire est
absorbée par cette atmosphère qu'elle est obligée de
traverser sous une épaisseur d'autant plus grande que
les rayons sont plus obliques. Cette absorption varie
avec l'état de l'atmosphère. Son étude fait aujourd'hui
l'objet d'une branche importante de la météorologie
appelée actinométrie. Les expériences actinométriques
faites à l'observatoire de Montsouris (France) ont
montré qu'à Paris, l'absorption atmosphérique varie
entre 43,6 et 13,7 0/0. En tenant compte de l'influence
des nuages et des vapeurs, on trouve qu'au total, la
surface terrestre ne reçoit directement à Paris que
29 0/0 de la chaleur envoyée par le soleil aux limites de
l'atmosphère. Celle-ci arrête donc au passage une partie notable de l'énergie calorifique envoyée à la terre ;
mais cette portion n'est point perdue ; l'atmosphère se
comportant, vis-à-vis de la surface terrestre, comme
un régulateur de la température. Les molécules
aériennes rayonnent tout autour d'elles la chaleur
absorbée, d'autant mieux que l'air est plus dense, c'est
pourquoi, aux basses altitudes, la température est plus
élevée que sur les montagnes, qui, cependant, sont plus
voisines du soleil. Les rayons qui arrivent dans cet air
raréfié ne sont point arrêtés et n'y produisent qu'une
élévation insignifiante de la température de l'air. Le
pouvoir absorbant calorifique est considérablement
augmenté par la présence de la vapeur d'eau.

Chaque localité est caractérisée à la surface de la terre, au point de vue de la chaleur, par la *température moyenne* de l'air. Les variations de la température en un lieu dépendent de l'inclinaison plus ou moins grande du soleil, de l'état de l'atmosphère, de la radiation terrestre variable, des vents, etc. On observe en général la température la plus basse vers le lever du soleil, puis elle s'élève jusqu'à un maximum, redescend jusqu'à un minimum et ainsi de suite. Si l'on s'élève dans l'atmosphère, la température diminue suivant une loi imparfaitement connue. On admet qu'elle s'abaisse en moyenne de 1° pour un accroissement d'altitude de 180 mètres. A mesure que la latitude augmente, l'obliquité moyenne des rayons solaires diminue, la température de l'air également. On admet qu'en France la température moyenne de l'air s'abaisse de 1° quand on s'avance de 185 kilomètres, vers le nord. Il en résulte, en conséquence, que la limite inférieure des neiges perpétuelles est à une hauteur d'autant plus faible, que la latitude est plus élevée. A Quito, dans le voisinage de l'équateur, cette limite est de 4800 mètres ; dans les Alpes : 2700 mètres. En Islande : 930 mètres. La proximité des mers tend en général à rendre les variations de température moins considérables. La direction des vents agit aussi sur la température de l'air, selon qu'ils soufflent de pays chauds ou froids, selon leur constance et leur direction. La mobilité des masses atmosphériques les fait transporter à de grandes distances la chaleur ou le froid de leur pays d'origine.

Les *vents* jouent un grand rôle dans l'atmosphère : ce sont des courants qui emportent l'air dans une certaine direction avec une certaine vitesse. La production des vents se rattache en grande partie aux variations de température des différentes couches d'air atmosphériques. Lorsque le sol a été fortement chauffé, l'air au contact s'échauffe, devient plus léger et tend à s'élever dans les régions supérieures froides, tandis que de l'air froid descend des régions supérieures pour venir au contact du sol. On conçoit donc l'existence de deux mouvements d'air. L'expérience de Franklin met en évidence ce double mouvement pour une masse d'air limitée. Si l'on vient à ouvrir une porte donnant accès d'une chambre chaude sur un lieu froid, la flamme d'une bougie placée au niveau du sol s'incline vers la chambre chaude, accusant ainsi l'existence d'un courant d'air venant du dehors dans les parties inférieures, vers l'air chaud. La flamme d'une bougie placée à la partie supérieure de la porte s'incline en sens contraire. Il y a là un mouvement inverse de l'air chaud vers l'air froid. Il faut remarquer que l'atmosphère est une masse tellement mobile, soumise à tant de causes complexes de variations, qu'il n'est pas toujours possible d'y observer une simplicité de phénomènes aussi grande que dans l'expérience précédente. Les vents pourront se produire chaque fois que des masses d'air voisines présenteront une différence de densité, comme, par exemple, par suite d'une différence de quantité de vapeur d'eau. Il y aura donc continuellement échange entre les masses atmosphériques qui baignent les continents et on peut dire que l'atmosphère dans son ensemble n'est jamais en équilibre. Si parfois, il se produit des calmes, ils ne sont dus qu'à la neutralisation de courants de sens contraires et sont souvent les indices précurseurs d'un changement dans la direction du vent. Enfin, des vents ont pour origine le vide produit par la condensation subite d'une grande quantité de vapeur (orage) : l'air des régions voisines se précipite là où la pression est moindre. Il peut même arriver — très rarement d'ailleurs — que le phénomène de condensation se propage au rebours de la direction du vent : ce sont là les *vents d'aspiration* de Franklin.

Parmi les vents, on peut en distinguer un certain nombre de périodiques : par exemple, les brises journalières qui s'observent sur les côtes au voisinage de la mer. La brise de mer souffle le matin ; la brise de terre souffle le soir : ceci tient à ce que, sous l'influence des rayons solaires, la terre s'échauffe plus vite que la mer ; mais, après le coucher du soleil, la terre se refroidit plus vite que la mer. Les montagnes produisent des brises analogues. Elles s'échauffent plus que les plaines pendant le jour et se refroidissent davantage la nuit ! La Méditerranée est le siège de phénomènes semblables. Pendant une notable partie de l'année, elle est parcourue par des courants atmosphériques, soufflant du Nord, perpendiculairement à la côte africaine. Ces vents sont dus à l'échauffement du Sahara, qui constitue un puissant foyer d'appel. C'est à cause de ces vents que les arbres des Baléares sont tous penchés dans la direction du sud et c'est aussi pour cela que la traversée de France en Algérie pour les voiliers est moins longue de $\frac{1}{4}$ à l'aller qu'au retour.

Les vents périodiques les plus remarquables sont les *moussons* de la mer des Indes. Ils soufflent pendant 6 mois consécutifs dans un sens, et pendant 6 autres mois en sens contraire. La mousson de printemps est un vent de mer qui commence en avril pour finir en octobre. A cette époque la température moyenne des continents est plus élevée que celle de la mer. Au contraire, la mousson d'automne souffle de la terre, parce que le sol se refroidit plus vite que la mer.

Les vents constants sont les *alizés*, qui soufflent toute l'année dans le voisinage de l'équateur. Ce furent ces vents qui poussèrent Colomb vers l'Amérique dans son fameux voyage aux Antilles. Voici l'explication de Halley sur l'origine de ces vents[1]. Les régions intertro-

---

[1] Nous désignons, suivant l'usage, les 4 points cardinaux par leurs initiales majuscules.

N. veut dire nord. — S. veut dire sud. — E. veut dire est. — O. veut dire ouest.

picales sont les régions les plus chaudes du globe. Si donc la terre était immobile, il se produirait à sa surface des vents dirigés des pôles vers l'équateur. Mais, à cause du mouvement de rotation de la terre et de la vitesse plus considérable des points terrestres équatoriaux, le courant paraît à l'équateur dirigé en sens inverse du mouvement de la terre. Le vent de l'hémisphère boréal sera donc un vent de N-E, celui de l'hémisphère austral un vent de S-E, et ces deux vents se combineront en arrivant sur l'équateur pour produire un vent d'Est. Les alizés réguliers s'étendent sur une largeur de 15 à 20°. Au-delà on trouve la zône des calmes tropicaux. Là ces vents n'y ont plus le caractère de constance qu'ils ont près de l'équateur, ni celui de mobilité que l'on trouve en avançant vers les pôles, où les calmes sont assez rares.

Dans notre hémisphère, au courant de N-E correspond un courant de retour de S-O. allant des tropiques aux régions tempérées. C'est ainsi que dans l'Europe occidentale, on constate la prédominance des vents du S-O, dûs à l'abaissement de l'alizé supérieur par suite du refroidissement. Ces vents passant sur l'Atlantique amènent en Europe la pluie.

Dans certaines contrées existent des vents qui soufflent d'une façon assez régulière. Ex. : le simoun du Sahara — l'Harmattan des côtes de Guinée — le Chamsin de l'Egypte..... Ces vents soufflent en tourbillons comme des vents de bourrasque et comme eux, s'accompagnent d'une dépression barométrique. Mais les régions tempérées sont soumises à un régime variable de vents. En Europe, sur les côtes orientales et dans l'intérieur des continents, dominent les vents de N-E. Ce sont les alizés venant des pôles, plus ou moins détournés de leur route par la distribution inégale des terres et des mers.

La vitesse des vents est très variable depuis 1 mètre par seconde jusqu'à 46 mètres, vitesse d'un ouragan capable de renverser les édifices. Cette vitesse s'évalue à l'aide des *anémomètres*. Ce sont des instruments munis d'ailettes qui tournent sous l'influence du vent et dont on évalue le nombre de tours dans un temps donné au moyen d'appareils compteurs spéciaux. Pour connaitre la vitesse des vents élevés, on mesure la vitesse de translation de l'ombre fournie par les nuages sur le sol. Dans les hautes régions de l'atmosphère, la vitesse du vent est bien plus considérable que celle qu'on observe à la surface de la terre, là où l'air rencontre des obstacles qui arrètent sa marche. De même à la surface de la mer, la vitesse du vent est plus grande en général que sur les continents.

L'air qui se déplace dans une direction donnée n'a pas toujours la même vitesse en tous ses points, il s'y produit comme dans l'eau des tourbillons présentant une vitesse de rotation sur eux-mêmes, plus ou moins grande. Ces tourbillons ont souvent la forme d'entonnoirs, la pointe tournée du côté du sol. Ce phénomène qui a son origine dans les régions atmosphériques élevées peut être purement local. On l'appelle alors une *trombe*. Son diamètre peut aller jusqu'à plusieurs centaines de mètres. La vitesse de rotation des différentes couches d'air peut être considérable ; c'est alors qu'elles produisent des effets désastreux. Les *tornados* des régions tropicales ne sont que des trombes de très grand diamètre qui se distinguent par leur grande violence et leur apparition brusque.

Les *cyclones*, les tempêtes, les ouragans, les typhons de la mer des Indes sont constitués par des masses d'air tournant autour d'un axe vertical. Mais le phénomène, au lieu d'être local comme celui des trombes, est un phénomène général : ces masses d'air en mouvement peuvent avoir plus de 100 lieues de diamètre. Aussi, le mouvement de rotation n'a pu être constaté qu'en réunissant les observations faites en un grand nombre de points éloignés. Les météorologistes anglais et américains ont pu étudier la marche des tempêtes à la surface de l'océan. Les tempêtes résultent d'un mouvement circulaire de l'air autour d'un centre qui se déplace. Le sens de la rotation de l'air autour du centre est toujours de l'E. à l'O. en passant par le N. pour notre hémisphère. Dans l'hémisphère austral, c'est l'inverse. Au centre du cyclone, l'air est relativement calme, le baromètre est très bas. D'autre part, la rotation étant accompagnée d'un mouvement de translation, la vitesse absolue n'est pas la même des deux côtés de l'observateur supposé au centre et regardant dans la direction où le cyclone se transporte. A droite, les deux vitesses de rotation et de translation s'ajoutent, c'est le *bord dangereux* ; à gauche, la vitesse n'est que leur différence, c'est le *bord maniable*. Si un navire rencontre un cyclone, ce dont il peut s'apercevoir à la baisse rapide du baromètre, il doit immédiatement s'éloigner du centre, qui, dans notre hémisphère, se trouve toujours à sa droite, lorsqu'il fait face au vent. La règle inverse est applicable à l'hémisphère austral. Dans la mer de Chine, les *typhons* ne sont que des cyclones localisés. Ces mouvements tournants, en ce qui concerne l'Europe, se forment toujours sur l'Océan en se dirigeant vers l'E. L'Europe reçoit ainsi une série successive de bourrasques qui viennent de l'Atlantique et se déforment plus ou moins en route. C'est la connaissance de ce fait qui a rendu possible la prévision du temps à brève échéance.

On peut prévoir les bourrasques, noter leur marche à travers l'Atlantique et prévenir par le télégraphe les points de l'Europe les plus menacés. Quant à Valencia (Irlande),qui est la station météorologique la plus avancée dans l'O. de l'Europe, le vent devient fort, on peut compter avec certitude sur l'arrivée d'une bourrasque. On peut ainsi annoncer les tempêtes douze heures à l'avance et retenir les navires dans les ports de France,

Les vents ont pour premier effet de faire varier la pression barométrique aux points qu'ils atteignent. Le baromètre présente à la fois des variations régulières et des variations accidentelles. Ces dernières étant très rares aux tropiques, on peut facilement étudier les autres. On constate que le baromètre présente 2 maximums et 2 minimums entre croisés par jour. La différence entre 1 minimum et maximum peut atteindre $2^{mm},5$. Dans nos contrées, la méthode des moyennes permet de reconnaître des maximums et des minimums ; mais la différence entre les extrêmes est de $0^{mm},8$ en moyenne. Les variations accidentelles sont au contraire fréquentes en Europe : elles peuvent atteindre 50 millimètres lors du passage des grandes bourrasques ou des cyclones.

Les variations de la température, de l'état hygrométrique sont l'origine des oscillations barométriques. S'il se produit une dilatation d'air, il se produit en même temps une diminution de pression. Si un vent chaud et humide se fait sentir en un point, le baromètre baisse. Un vent sec et froid le fait monter : Il y a donc en chaque lieu une relation entre les oscillations du baromètre, la direction des vents et la température. C'est sur cette relation que repose l'emploi journalier du baromètre pour prévoir le temps sec ou humide. Dans nos contrées, les vents de S. O. qui le plus souvent amènent la pluie, déterminent un abaissement de la colonne barométrique ; les vents secs et froids du N.-E. la font monter. C'est pourquoi en France, en général, un abaissement du baromètre sera un indice de pluie et une élévation un indice de beau temps. Mais ce ne sont là que des données empiriques, car, pour formuler ces relations, il y a à tenir grand compte de la situation géographique du pays. Ainsi, à l'embouchure de la Plata, sur la côte E. de l'Amérique du Sud, la pluie est amenée par les vents de S.-E. qui sont relativement froids et produisent une ascension du baromètre. Il y a une relation très étroite entre la pression atmosphérique et le régime des vents précédemment examinés. D'ailleurs, la distribution des mers et des continents à la surface du globe modifie un peu ce régime. En été, l'air est sensiblement plus chaud au-dessus des continents dans les régions tropicales, aussi dans notre hémisphère les terres qui bordent le golfe du Mexique, celles du Sahara, les plaines asiatiques deviennent les centres de 3 dépressions barométriques ; les masses d'eau qui s'échauffent bien moins, donnent, au contraire, 2 centres de pressions, l'un sur le Pacifique, l'autre sur l'Atlantique au voisinage des Açores. Le régime d'été comportera donc au point de vue des vents un tourbillonnement d'air froid autour des Açores et un afflux d'air venant de tous côtés converger vers les 3 centres de dépression continentaux. En hiver, le régime est complètement changé : le froid qui règne dans les latitudes élevées de l'Amérique et de l'Asie y produit 2 centres de pressions barométriques. Les centres de dépressions sont alors sur les océans.

La hauteur moyenne du baromètre dépend de l'altitude. Ainsi à Quito, à 2908 mètres au dessus du niveau de la mer, elle est de 554 millimètres ; à 4101 mètres elle n'est plus que de 470 millimètres. Elle dépend aussi de la latitude. A l'équateur, la hauteur moyenne est de 758 millimètres, puis à partir du 10e degré elle augmente, présente un maximum de 762 millimètres à 764 millimètres. Entre 30° et 40°, à Paris, elle n'est plus que de 760 millimètres et dans les contrées tout à fait septentrionales, elle arrive à 756 millimètres. Remarquons que à 6000 mètres de hauteur, la pression n'est plus que la moitié de ce qu'elle était au niveau de la mer. C'est ce qu'ont constaté Gay-Lussac s'élevant en 1804 en ballon à 7016 mètres de hauteur. Barral et Bixio s'élevant en 1850 à 7. 049 mètres. Enfin Glaisher et Coxwell atteignant, en 1852, 11. 000 mètres ; et bien d'autres. Remarquons d'ailleurs que tous les phénomènes atmosphériques, que nous avons étudiés, se produisent dans la zône comprise entre le niveau de la mer et le sommet des plus hautes montagnes.

Arrivons maintenant bien vite à la longue et importante histoire de la vapeur d'eau dans l'atmosphère de notre planète. On dit que l'air est humide quand il contient assez de vapeur d'eau pour qu'un abaissement faible de température en puisse amener la condensation partielle. L'air est dit sec, si, au contraire, un abaissement de plusieurs degrés est nécessaire. L'état d'humidité de l'air dépend non seulement de la quantité absolue de vapeur d'eau, mais aussi de la température. En étudiant la variation atmosphérique de la vapeur d'eau, on a trouvé qu'au lever du soleil la quantité de vapeur était minimum et cependant, c'est alors que l'air est le plus humide, parce que la température est le plus basse. On a pu constater encore que la quantité absolue de vapeur d'eau diminue dans l'air de l'équateur aux pôles.

Il existe normalement de 18 à 25 grammes d'eau par mètre cube d'air dans la zône torride. En France, on n'en rencontre guère que 10 à 12 grammes et quelquefois 1 gramme seulement au sommet des hautes montagnes. M. Crova a reconnu que la moitié de la vapeur atmosphérique est comprise entre 0 et 2000 mètres d'altitude.

La vapeur atmosphérique possède une propriété très importante. Elle laisse passer les radiations solaires mais elle est opaque pour la chaleur et la lumière qui est réfléchie à la surface du sol, d'autant mieux que l'air est plus saturé. Elle emmagasine donc dans sa masse mobile une quantité de chaleur, dont la source pour un point donné de la terre varie à chaque instant par suite du changement de position de notre planète par rapport au soleil. L'atmosphère sert d'intermédiaire entre cette source variable et la terre et répartit d'une façon plus régulière la chaleur aux diffé-

rents points de la surface du globe. Ce rôle de régulateur de la chaleur terrestre se complète d'ailleurs par
les courants atmosphériques qui transportent la chaleur
en des points qui, directement, n'en auraient pas reçu
la moindre trace. Sous l'action directe du soleil, l'atmosphère se dilate en absorbant dans ce travail une
certaine quantité d'énergie qui devient disponible lorsqu'à la fin du jour se produit la contraction inverse.
Son effet est d'atténuer la différence entre le jour et la
nuit et de rendre progressive en quelque sorte la diminution de la température. Même en se condensant, la
vapeur produit un effet analogue, même plus important, parce que, à cette condensation correspond une
mise en liberté considérable d'énergie calorifique.
C'est à l'évaporation produite dans les régions chaudes
des océans que l'on doit rapporter l'origine de toutes
les condensations atmosphériques et en particulier de
la pluie. Une condensation pourra se produire par
suite d'un simple refroidissement. C'est ce qui aura
lieu par l'intermédiaire des vents qui transportent les
masses d'air dans des régions plus froides. La formation des pluies se trouve donc liée d'une façon étroite
avec le sens des vents.

Entre l'équateur et les tropiques le phénomène est
tout à fait régulier. Lorsque les rayons solaires arrivent à midi sous une incidence normale, ce qui se
présente 2 fois par an pour chaque lieu de la zone tro-
picale, l'air échauffé monte verticalement dans les ré-

gions froides de l'atmosphère ; d'autre part, les vents
alizés de N.-E. et de S.-E. qui se sont chargés de vapeur à mesure qu'ils se rapprochent de l'équateur se
rencontrent : il en résulte une pluie torrentielle, souvent assez abondante pour permettre aux marins de
recueillir l'eau douce, qui leur est nécessaire. Grâce
à ces pluies, la chaleur solaire est atténuée au moment
où elle est maximum ; c'est ainsi que la saison des
pluies ou hivernage coïncide en réalité pour ces régions
avec l'été astronomique. Il n'y a que dans la zône équatoriale qu'on rencontre cette régularité dans la distribution des pluies et, en beaucoup d'endroits, il y a à tenir compte des modifications locales déterminées par le
relief du sol. Partout ailleurs, le phénomène est lié à
la variété dont le régime des vents est susceptible.
Les vents, dont le point de départ est dans la zône
équatoriale, sont ceux qui amènent la température la
plus élevée, la plus forte quantité de nuages, la plus
grande abondance de condensations. Il suffit qu'ils arrivent aux latitudes élevées pour abandonner une partie de leur vapeur et produire la pluie : ainsi, pendant
l'hiver, lorsque les vents de S.-O. atteignent les côtes
européennes froides, les pluies se font sentir sur le
littoral. En été, les continents européens agissent
comme des réservoirs de chaleur et la vapeur ne se
transforme en pluie que sur les régions montagneuses
froides. C'est pourquoi, en Europe, l'intérieur des continents reçoit son maximum de pluie dans la saison

chaude, tandis que, sur les côtes, ce maximum se produit dans la saison froide.

Les observations pluviométriques montrent que la quantité de pluie croit en général avec l'altitude. Une masse d'air humide subit une augmentation de condensation à la rencontre d'une chaîne de montagnes ; forcée de s'élever pour franchir la chaîne, elle se dilate et se refroidit, d'où l'augmentation de la quantité de pluie. Sous les tropiques, où règnent les alizés d'Est, les terres inclinées vers l'est reçoivent des averses torrentielles, alors qu'il ne pleut presque jamais sur le versant O. des Andes.

Les obstacles placés en travers d'un courant d'air humide en expriment mécaniquement la vapeur d'eau. C'est une circonstance locale, la forme particulière du relief, qui détermine sur certains points ces chutes exceptionnelles. Nous pouvons rappeler à propos de cette action mécanique provoquant la pluie qu'on a attribué aux ébranlements produits dans l'air par des explosions, des détonations, la foudre, etc. l'origine de certaines condensations atmosphériques. Cette opinion prit, entre les mains du météorologiste français Charles Le Maout, les proportions d'une véritable théorie des plus ingénieuses pour la recherche de la production artificielle de la pluie. Cette théorie fut soumise au contrôle de l'expérience et, en 1892, un Américain, le colonel Dyrenworth, essaya au Texas de provoquer la chute de l'eau atmosphérique à l'aide d'explosions. Malheureusement, les résultats en sont restés trop incertains pour qu'on puisse considérer le problème comme définitivement résolu, et nous n'y insisterons pas davantage.

Au moment où l'air est le plus chaud, il contient de plus grandes quantités de vapeur, et cependant c'est alors qu'il est le plus sec. Dans nos climats européens, c'est vers la fin de décembre que l'air est le plus humide, c'est vers la fin de juillet qu'il l'est le moins, et pourtant la quantité de vapeur est bien moindre en hiver qu'en été.

La *rosée* est produite par des gouttelettes d'eau qui, après les nuits calmes et sereines, couvrent les corps placés à découvert à la surface du sol. L'anglais Wells a rendu compte de ce phénomène (1815.) Lorsque le soleil a quitté notre horizon, le sol se refroidit plus vite que l'air, mauvais conducteur, pour la chaleur qui tend à quitter la terre (pouvoir émissif faible). Ainsi un thermomètre placé sur le gazon marque une température de 5 à 6° inférieure à celle d'un thermomètre suspendu à un mètre dans l'air. Les couches d'air au contact des corps à la surface se refroidissent : une partie de leur humidité pourra donc se déposer sur ces objets. Un vent léger et humide donnera une rosée abondante. Un vent violent la rendra impossible. La présence d'écrans empêche la rosée ; car ils empêchent le refroidissement des corps placés au-dessous d'eux. Un thermomètre placé sur l'herbe, au-dessous d'un mouchoir supporté par 4 piquets, marque une température de quelques degrés supérieure à celle d'un thermomètre placé à côté sur l'herbe mais sans écran. Les corps qui ont un pouvoir émissif considérable et une faible conductibilité sont ceux où la rosée est le plus abondante (bois, feuilles, terre, etc).

On observe parfois de petits cristaux de glace sur les herbes et les corps à la surface du sol après les nuits claires du printemps et de l'automne. On a alors la *gelée blanche*. Elle se forme dans les mêmes conditions que la rosée ; quand l'abaissement de la température est plus grand, la vapeur, au lieu de se déposer à l'état liquide, prend l'état solide. Ces gelées qui, dans nos climats, se produisent à la fin d'avril ou au commencement de mai, sont funestes aux arbres fruitiers dont elles fanent et roussissent les bourgeons. De là vient le nom de *lune rousse* donné à la lune d'avril. Ce n'est en effet que lorsque la lune brille sans nuages, que la gelée se produit ; mais cette lune n'a par elle-même aucun effet direct sur les végétaux.

De Saussure a signalé (1783) que le brouillard peut exister dans une atmosphère au-dessous de 0° sans se congeler, suivant les lois d'un phénomène connu en physique sous le nom de surfusion. Si ces gouttelettes en surfusion rencontrent un corps solide dont la température est inférieure à 0° la cristallisation se produit et les objets se recouvrent de *givre* ou de *frimas*. Si le dépôt se fait à une température de plusieurs degrés au-dessous de 0, il peut être assez considérable pour produire la rupture des branches des arbres.

Le *brouillard* est le résultat de la condensation de la vapeur s'effectuant par une multitude de goutelettes très fines, restant suspendues dans l'air en lui enlevant ses qualités de transparence habituelles. Ces brouillards constituent les *nuages* dans les régions élevées. Ainsi, un observateur placé dans la vallée voit courir sur les flancs de la montagne des nuages qui ne sont que des brouillards pour ceux qui se trouvent à la même hauteur. Les aéronautes, quand ils traversent les nuages, sont plongés dans un brouillard plus ou moins épais. L'origine des brouillards ou des nuages est le refroidissement d'une masse d'air, voisine de son point de saturation. Des brouillards se forment dans les vallées contenant des cours d'eau, lorsque le soleil vient à disparaître. Il se forme des nuages, lorsque la vapeur qui se dégage d'un terrain chaud et humide arrive dans les couches atmosphériques où la température est plus basse.

On distingue plusieurs sortes de nuages, les cirrus, les nimbus, les cumulus. Les cirrus sont formés de stries blanches apparaissant au milieu d'un ciel bleu et dont la distance peut être de 9 à 10 kilomètres. Ces nuages se composent d'aiguilles de glace flottant dans l'atmosphère comme on l'a constaté dans les ascensions aérostatiques. Les cumulus sont de gros nuages, formés de mamelons blancs, arrondis, qui couvrent souvent lè ciel sans amener la pluie. Ils sont situés à 2 ou 3 kilomètres et formés de gouttelettes d'eau. Les nimbus sont de gros nuages sombres, qui interceptent la lumière du soleil et sont beaucoup plus bas que les précédents. Ce sont les nuages à pluie. Si les aiguilles de glace des cirrus rencontrent dans leur chute les gouttelettes liquides des cumulus, il en résulte une condensation puissante, comme on en remarque dans les pluies d'orage, en été. Lorsque les nimbus se forment dans les régions froides, les globules se congèlent en donnant naissance à de petites aiguilles prismatiques de glace qui affectent des formes très diverses : on a la *neige*.

Supposons que des cumulus s'élèvent dans l'atmosphère et rencontrent des cirrus, leur eau en surfusion se solidifie brusquement au contact des aiguilles de glace. Les noyaux ainsi formés augmenteront de grosseur par l'adjonction des couches successives d'eau surfondue. On a la *grêle*. La chute de la grêle est liée aux orages et Volta avait essayé d'en expliquer la formation. Il admettait que les grêlons se forment dans un nuage électrisé et restent soutenus dans l'atmosphère par l'attraction de nuages placés au-dessus. Ils peuvent ainsi acquérir des dimensions considérables, puis, à la suite d'une forte décharge, le nuage laisserait tomber subitement son fardeau. On sait, en effet, que la chute de la grêle est toujours courte, que les grêlons arrivent au sol par ordre de grosseur, les plus gros les premiers. Le *grésil* paraît avoir la même origine que la grêle, mais l'absence d'électricité ne permet pas à ces noyaux de se soutenir dans l'air et d'y acquérir de grandes dimensions.

Quand la pluie vient à tomber dans une atmosphère au-dessus de 0°, pendant que la gelée persiste à la surface du sol, cette surface se recouvre d'une couche uniforme de glace transparente et lisse connue sous le nom de *verglas*. C'est ce qui se présente dans l'Europe occidentale, lorsque, à la suite d'une période de froid due à des vents de N. E., vient une période où dominent des vents de S. O. Ces vents plus chauds s'élèvent dans l'atmosphère et le dégel commence par en haut.

Avant de quitter l'histoire des transformations multiples que subit la vapeur d'eau atmosphérique, remarquons que la pluie qui tombe à la surface de la terre fournit une certaine quantité d'eau à l'évaporation directe, quantité variable suivant la température, suivant l'état physique du sol. Cette évaporation est plus forte en été qu'en hiver et diminue de l'équateur au pôle. Les prairies et les forêts modèrent l'activité de l'évaporation : grâce à elles, les gouttes d'eau échappent entre les herbes, entre les branches, en partie, à l'action solaire, surtout en été, c'est à dire quand cette action est le plus intense. La part de l'évaporation est assez grande. Dans le bassin de la Seine elle prend à peu près les $\frac{2}{3}$ de la pluie tombée. Dans celui du Mississipi les $\frac{3}{4}$. J. Murray a dressé un tableau, qui établit le rapport entre le débit de 33 grands fleuves à leur embouchure, et la quantité de pluie tombée sur tout le bassin de chacun d'eux. On voit ainsi que la part de l'évaporation varie entre les $\frac{3}{4}$ et les $\frac{4}{5}$ des condensations atmosphériques.

Il y a toujours de l'électricité dans l'air. En général, la température électrique ou le potentiel augmente, à mesure qu'on s'élève dans l'atmosphère. On peut considérer les masses électriques comme réparties surtout dans les régions aériennes élevées, là où l'on observe les aurores boréales, si fréquentes dans les régions polaires. Ces brillants phénomènes rappellent les décharges électriques que nous pouvons produire dans l'air très raréfié. La densité électrique en un point du sol est variable, mais toujours très petite ; elle augmente avec la hauteur suivant une loi peu connue. Dans les lieux couverts, les maisons, l'électricité disparaît. L'électricité d'une atmosphère sereine est positive, beaucoup plus forte en été qu'en hiver. Dans une même journée elle présente deux maximums et deux minimums entrecroisés.

Dès qu'on parvint à produire une étincelle avec les machines électriques, qu'avec les bouteilles de Leyde et les batteries on put produire des effets mécaniques, calorifiques, etc., on fut tenté d'assigner à la foudre une origine électrique. L'étincelle qui jaillit dans une

machine bien chargée entre 2 pôles assez éloignés,
rappelle par sa forme en zig-zag celle de l'éclair. Ce
fut Franklin qui le premier arriva à démontrer que la
foudre est due à des décharges électriques ; le tonnerre
est le phénomène sonore qui les accompagne ; l'éclair,
le phénomène lumineux qui en est la conséquence au
sein de l'atmosphère.

Rappelons que, quand un corps s'électrise de plus en
plus, il arrive un moment où l'électricité accumulée
surmonte la résistance de l'air et s'en va. Le phénomène est surtout manifeste à l'extrémité d'une pointe.
Si nous terminons le conducteur d'une machine électrique par une pointe, on sent à cette extrémité un
courant d'air capable de souffler une bougie ; dans
l'obscurité, la pointe devient lumineuse et s'entoure
d'aigrettes brillantes.

Les premières expériences qui firent voir l'électricité dans les nuages furent entreprises par Dalibard en
France sur les indications de Franklin (1752). Franklin lui-même se proposa d'aller chercher l'électricité
des nuages, à l'aide d'un cerf-volant, muni d'une
pointe ; la corde, qui le retenait, se terminait infé-
rieurement par un cordon de soie isolant. Le chanvre
est un assez médiocre conducteur. Aussi on n'obtint tout
d'abord que des traces d'électricité ; mais la pluie vint
à tomber et en mouillant la corde en fit un bon conducteur. Franklin put tirer des étincelles de plusieurs
centimètres, allumer de l'alcool, charger des bouteilles

de Leyde : il venait de trouver une machine électrique naturelle. En 1753, De Romas reprit les expériences du cerf-volant de Franklin : au milieu d'un orage, il put obtenir des lames de feu de 10 pieds de long ; des morceaux de paille, qui se trouvaient sur le sol, s'élançaient sur la corde avec un crépitement continu.

Les nuages sont tantôt électrisés positivement et tantôt négativement. Supposons qu'un nuage électrisé par influence vienne à toucher le flanc d'une montagne, c'est-à-dire se mette en communication avec le sol ; il restera chargé d'une certaine électricité. Ce nuage électrisé pourra par influence en électriser d'autres qui, venant à leur tour en contact avec le sol, se trouveront chargés d'électricité contraire au premier. Lorsque deux nuages électrisés contrairement sont en présence, il s'établit entre eux une décharge qui résulte de la combinaison de ces deux électricités. De même, si un nuage fortement chargé se rapproche du sol, d'après les phénomènes d'influence, il y a attraction d'électricité contraire dans les parties les plus élevées du sol et si la distance devient assez faible, il se produira encore une décharge entre le nuage et le sol : ces deux cas donnent naissance à la foudre, produisant l'éclair et le tonnerre. La lueur de l'éclair est instantanée ; elle est bien plus vive que celle des étincelles électriques artificielles, ce qui tient sans doute aux quantités considérables d'électricité qui se trouvent en jeu dans la nature et que nous ne pouvons songer à réaliser même de loin avec nos plus fortes machines. L'éclair peut atteindre dans certains cas une longueur de 10 à 15 kilomètres. Par les temps d'orage, l'atmosphère est sillonnée d'une foule de petites gouttelettes d'eau en suspension, qui constituent autant de corps bons conducteurs de la décharge électrique, séparés par des distances d'air assez faibles pour que l'étincelle puisse facilement les franchir. C'est en passant d'une gouttelette à l'autre que l'étincelle atmosphérique pourra atteindre une dimension considérable ; de même, si la foudre éclate entre un nuage et le sol, elle ne franchit une aussi grande distance que grâce à la chute de la pluie ou par suite de la présence des gouttelettes liquides, suspendues dans l'atmosphère.

On distingue deux catégories d'éclairs, suivant leur éclat. Les éclairs de 1re classe forment un sillon éblouissant, éclairent très vivement le ciel et les objets placés à la surface de la terre. Les éclairs de 2e classe n'éclairent qu'une partie du ciel. Ils sont produits par la réflexion d'une lumière venant d'éclairs de 1re classe dont la lueur nous est masquée par des nuages ou qui se produisent dans une région située au dessus de l'horizon.

Depuis longtemps, on a remarqué que le tonnerre n'est entendu par l'oreille qu'après l'apparition de l'éclair. Ce fait s'explique par l'inégalité de vitesse de la lumière et du son. La lumière parcourant 300.000 kilomètres par seconde met $\frac{1}{1000}$ de seconde

pour parcourir 300 kilomètres. On peut donc dire que
le phénomène de l'éclair est perçu instantanément après
sa production ; mais le son met 3 secondes pour parcourir 1 kilomètre : voilà pourquoi les perceptions de
deux phénomènes simultanés sont successives pour nos
sens au lieu de se produire en même temps. L'observation de l'intervalle de temps qui sépare la vision de
l'éclair de la perception du bruit, permet de connaître
approximativement la distance à laquelle se trouve
l'orage. De même si le roulement prolongé du tonnerre,
ne ressemble en rien au bruit sec, court, qui accompagne dans nos machines électriques la production de
l'étincelle, cela tient à ce que les décharges simul-
tanées, qui s'effectuent entre plusieurs nuages, à des
distances différentes, sont perçues par notre oreille à
les moments différents.

La foudre frappe en général sur la terre, les points
élevés, les sommets des montagnes, les clochers, les
arbres, etc. là où l'action électrique des nuages par
influence est le plus intense. Il ne faut donc jamais
chercher un abri dans le voisinage de ces corps pendant un orage. Les effets produits par la foudre sont
comparables, à l'intensité près, à ceux que nous pouvons produire avec nos machines. Les commotions déterminées chez l'homme et les animaux peuvent occa-
sionner des désordres graves, et souvent même la mort
Parfois, la simple décharge d'un nuage voisin électrisé
peut devenir mortelle pour l'homme et les animaux

que la foudre n'a pas atteints directement (choc en retour).

Les dégâts de la foudre étant considérables sur les édifices et dangereux pour les hommes, on a dû en chercher un préservatif. C'est encore Franklin qui le premier eut l'idée d'utiliser le pouvoir des pointes. Prenons une tige métallique pointue et approchons la d'une machine électrique en activité. Il ne jaillit aucune étincelle, la machine se décharge, mais sans décharge brusque. Tel est le principe du paratonnerre.

L'instrument est constitué par une longue tige de fer, terminée supérieurement en pointe. Pour éviter l'oxydation, on termine la tige de fer par une baguette de cuivre, dont on dore la surface. La partie inférieure, fixée dans la toiture du bâtiment, communique avec le sol par une longue tringle de fer, qui descend le long du toit et des murs. Elle communique sur tout son trajet avec toutes les pièces métalliques de l'édifice. S'il y a plusieurs paratonnerres sur un même bâtiment, on les relie métalliquement entre eux. L'extrémité inférieure plonge dans un puits, où elle se ramifie en plusieurs branches, terminées par de larges plaques de tôle qui plongent dans l'eau. Cette communication avec le sol est très importante, car si elle est mal faite, elle est la source d'accidents. Aussi est-il nécessaire que la communication soit établie avec une vaste nappe d'eau par l'intermédiaire d'un sol humide. La braise de boulanger, dont on se sert parfois, est insuffisante. Il est également dangereux de faire plonger l'extrémité d'un paratonnerre dans l'eau d'une citerne. Quand un édifice est muni d'un paratonnerre, il est rare qu'il soit frappé de la foudre, mais en temps d'orage on aperçoit à la pointe une aigrette lumineuse, visible dans l'obscurité. Si l'écoulement de l'électricité n'est pas assez rapide, la foudre éclate, mais alors, elle tombe sur le paratonnerre qui est la partie la plus élevée du bâtiment. On en est quitte pour une réparation, si certaines parties ont été détériorées. On admet qu'un paratonnerre préserve de la foudre les objets compris dans un cercle dont le rayon est double de la hauteur de la tige.

Melsens a imaginé un paratonnerre un peu différent de celui de Franklin, fondé sur le principe de Faraday : un corps placé à l'intérieur d'un réseau de fils bons conducteurs ne subit aucune influence de l'état électrique du réseau. On installe alors sur les toits une série de conducteurs dont la section peut être beaucoup moindre que celle du paratonnerre Franklin. On les relie entre eux et on les fait communiquer avec le sol, par un grand nombre de points.

Laissant là les phénomènes électriques atmosphériques, il nous reste encore à parler de quelques phénomènes météoriques particuliers, que nous allons brièvement signaler.

Lorsque le soleil est peu élevé au-dessus de l'horizon et que, tournant le dos au soleil, un observateur regarde en face de lui un nuage, qui se résout en pluie, il se produit un arc circulaire d'une certaine largeur, coloré des couleurs du spectre : on a *l'arc-en-ciel.* Newton a expliqué que ce phénomène est dû à la décomposition des rayons solaires dans l'intérieur des gouttes de pluie.

Parfois, autour du soleil, on observe des cercles colorés des couleurs de l'arc-en-ciel : ce sont les *halos.* Mariotte a attribué ce phénomène à la décomposition de la lumière dans les aiguilles de glace qui composent les cirrus.

Souvent, des corps étrangers arrivent des espaces célestes dans l'atmosphère, pour tomber ensuite à la surface du sol. Ce sont les *météorites,* bolides ou aérolithes ; leur chute est accompagnée de lumière et de bruit. A leur arrivée au sol, les morceaux sont brûlants à la surface, mais au centre, ils ont conservé le froid céleste des espaces interplanétaires. On attribue la lumière du bolide à son entrée dans l'atmosphère, qu'il comprime en l'échauffant. Cet échauffement le rend incandescent et lumineux. Cette lumière a permis de mesurer la vitesse de ces corps qui est de 20 à 30 kilomètres par seconde. C'est aussi sur ce phénomène lumineux que l'on a essayé de fonder une méthode de détermination de l'épaisseur de la couche atmosphérique. Nous avons vu que cette détermination restait toujours indécise.

Tel est le résumé des principaux phénomènes mé-

téorologiques présentés par l'atmosphère. Si la météorologie n'est pas encore en possession des lois qui
président aux mille et une particularités des mouvements atmosphériques, il faut se rappeler qu'elle ne
date guère que du commencement du siècle. C'est
l'Américain Maury qui le premier chercha les lois
fondamentales de la grande circulation atmosphérique
et, par la publication de ses cartes, parvint à ce résultat inouï pour l'époque, de diminuer de moitié, par la
connaissance de la marche des vents, la traversée de
l'ancien monde au nouveau.

IV

Actions réciproques de l'atmosphère et de la surface terrestre.

Foehn ; Simoun ; Mistral. — Action des continents sur les
vents. — Produits des volcans dans l'atmosphère. Fumerolles. Mofettes. — Roches perchées. Déserts. Dunes. —
Pluies de sang. — Loess, etc.

L'atmosphère fait éprouver quotidiennement de
grands changements à l'écorce de notre planète. Elle
cause les agitations de l'Océan et y produit ces effets
destructeurs bien connus de tous, elle agit et par sa
màsse et par sa température et par les condensations
qui s'y produisent. D'autre part, le relief du sol, la ré-
partition des terres et des mers influe sur les phénomènes météorologiques atmosphériques. Les points où

tombe la plus grande quantité de pluie sont ceux où les vents humides rencontrent un versant, qui les force à s'élever. Le *fœhn* de la Suisse est un vent très chaud, soufflant du S-O. Il détermine, sur le versant N. des Alpes, une fonte extrêmement rapide des neiges et des glaces. Remarquons qu'un courant d'air, qui est obligé de franchir une cime, se comporte de façon différente, suivant qu'il est sec ou humide : sec, il se refroidit par suite de sa dilatation d'environ 1° par 100 mètres ; s'il est humide, ce refroidissement est accompagné d'une précipitation de vapeur d'eau, c'est-à-dire d'une cause d'élévation de température, qui peut contrebalancer le refroidissement et lui être supérieur. Le fœhn est précisément un vent atlantique, qui tire ses propriétés du travail qui lui est imposé par le relief des Alpes. On peut rapprocher du fœhn le siroco, ce vent sec qui souffle dans les vallées italiennes. Ce vent pluvieux sur le versant, qu'il est forcé de remonter, devient desséchant pour le versant opposé. Des effets analogues s'observent dans toutes les régions montagneuses. Le mistral est un vent local qui souffle du N-O. dans la France méridionale. Il vient des Cévennes, par suite de l'échauffement de l'air sur le littoral ; il souffle surtout à l'hiver et au printemps, alors que la différence de température entre les Cévennes couvertes de neige et les côtes est plus grande.

L'hémisphère boréal renferme les plus grandes

masses continentales ; l'hémisphère austral les plus grandes masses océaniques. Aussi la distribution des températures et des pressions atmosphériques y est moins variable. Le centre de pression des Açores ne disparaît pas en hiver, mais se transporte seulement vers le S. en même temps que la zone des calmes subit un déplacement analogue. Dans notre hémisphère, le phénomène de la circulation de l'air est considérablement modifié avec les saisons ; le fait dominant est alors le renversement de la distribution des centres de pression et de dépression. Ce renversement est sans doute la cause du trouble atmosphérique que les équinoxes amènent toujours avec eux. Ainsi les continents par leur forme, leur étendue, leur relief interviennent puissamment dans la formation des courants atmosphériques.

L'eau de pluie contient en dissolution de l'O. et du CO^2. Sur les rivages maritimes les eaux peuvent contenir des traces de chlorure de sodium. Les schistes argileux s'altèrent au contact de l'air humide, les roches calcaires sont très sensibles à l'action de l'air et de l'humidité ; mais nous aurons à étudier en détail le rôle chimique de l'air.

Les volcans chargent l'atmosphère de leurs produits. Dans la période de repos, il s'échappe de la vapeur d'eau et différents gaz, qui constituent le panache de fumée formant un nuage au-dessus de la montagne. Au moment d'une éruption, il s'élance vers le ciel, une colonne de fumée noire qui s'étale horizontalement dans les parties supérieures de l'air ; dans l'obscurité de la nuit, la colonne, par suite de la réflexion de la lumière intérieure, paraît lumineuse. La colonne de vapeur est entourée d'une colonne noire de cendres, de scories et de débris qui retombent bientôt sur les pentes du cratère. Le panache terminal est composé de gaz, de vapeur d'eau et de fine poussière volcanique. La force avec laquelle est projetée en l'air la colonne est telle qu'on la voit conserver la direction verticale, même sur le passage d'ouragans capables de transporter des pierres. On a évalué à 8 ou 10 kilomètres la hauteur de la colonne du Cotopaxi, lors de la grande éruption de 1877, à 11 kilomètres, celle lancée en 1883 par le Krakatoa, et à 13 kilomètres celle projetée en 1886 par l'explosion de la Nouvelle Zélande.

Un volcan émet donc dans l'atmosphère des produits gazeux (fumerolles) : les unes sont sèches, les autres acides, contenant surtout les acides chlorhydrique et sulfureux ; d'autres sont alcalines et contiennent de l'ammoniaque et des composés ammoniacaux ; d'autres sont sulphydriques ; d'autres contiennent CO_2 (mofettes). On rencontre encore de l'hydrogène et des hydrocarbures ; l'existence de ces gaz combustibles dans les fumerolles explique les flammes volcaniques. Un volcan peut être comparé à une gigantesque cheminée qui attire l'air atmosphérique pour y brûler les gaz combustibles venus des profondeurs de la terre, et qui, dans sa période d'activité, projette avec des fragments de laves solidifiés en chemin, des débris arrachés aux parois mêmes de la cheminée.

Sitôt que le paroxysme d'une éruption volcanique est atteint, le volcan continue à laisser échapper des gaz. On observe soit des vapeurs sulfureuses, soit des sources bouillantes, soit des gaz carbonés (solfatares, geysers, suffioni, mofettes,). Après la phase active des volcans vient la période solfatarienne, avant d'arriver, par la dernière étape des dégagements carboniques, à la période d'épuisement.

L'atmosphère agit sur la masse solide du globe, le vent entraine les parties les moins dures du sol et souvent les transporte au loin. C'est là l'origine des *roches perchées*, dont la base a été minée et enlevée par l'atmosphère. Un autre effet destructeur de l'air est dû à la vapeur qu'il contient : celle-ci pénètre dans les fentes de pierres et s'y condense ; si une gelée survient, les interstices s'agrandissent et la roche éclate.

Lorsque l'air ne contient pas de vapeur d'eau, il produit le *désert* ; la végétation privée d'un élément indispensable, l'humidité, languit et disparaît, les cours d'eau tarissent, le sol se dessèche en devenant très mobile, le vent peut alors exercer sur lui sans obstacle son action mécanique ; aussi les déserts prennent-ils naissance dans toutes les régions où prédominent les

vents secs, là où les condensations atmosphériques
sont insignifiantes. Le Sahara doit sa sécheresse aux
vents du N. et du N-E. qui se sont desséchés sur les
continents et qui déposent sur les montagnes de
l'Atlas ou les monts d'Ethiopie toute l'humidité dont
ils peuvent être chargés. Le désert de Gobi au centre
de l'Asie est entouré de hautes chaînes, sur lesquelles
les vents polaires ont condensé toutes leurs vapeurs.
Le Touran, l'Iran, l'Arabie sont également sous l'influence de vents secs. Les déserts de l'Amérique du
Nord sont dus aux Montagnes Rocheuses. L'aridité du
sol tient à ce que les courants atmosphériques venant
du Pacifique déposent toute leur humidité sur les
chaînes occidentales. Dans l'Amérique du Sud, les
vents qui apportent l'humidité sont arrêtés par les
Andes, avant d'arriver à la côte O. Au Sahara, l'air est
d'une sécheresse extrême. Il en résulte que, pendant le
jour, il y fait une chaleur étouffante et pendant la
nuit un froid très vif ; la chaleur, reçue pendant le
jour à la surface du sol, se perd dans l'espace par le
rayonnement nocturne. Le sable provient de la désa-
grégation des grès, des calcaires et des autres roches :
les débris les plus ténus sont emportés au loin ; les
grains de quartz sont déposés en dunes que le vent
déplace.

Le phénomène terrestre le plus important, produit
par les vents, est la formation des dunes. Ce sont des
éminences plus ou moins élevées, disposées sur les

plages sableuses généralement suivant des lignes
parallèles à la direction de la côte. Ce phénomène a
surtout de l'importance sur les bords de la mer parce
que, grâce au jeu des marées et à la mise à découvert
des plages, le vent y rencontre la plus grande somme
de matériaux et que la puissance des courants atmosphériques atteint son maximum sur les côtes. L'am-
plitude du jeu des marées a son importance : ainsi,
sur les côtes de la Méditerranée, où les marées sont
à peine sensibles, les dunes ne dépassent guère 6 à 7
mètres.

Les particules de sable poussées par le vent, viennent rencontrer les inégalités du sol, les touffes
d'herbe, les cailloux, les coquillages. Elles s'accumu-
lent contre l'obstacle et forment ainsi en avant de lui
un petit monticule ; puis les grains de sable montent
peu à peu sur la pente tournée vers la mer, retombent
de l'autre côté et finissent par recouvrir complètement l'obstacle : on aura ainsi une dune. Les dunes
se déplacent sans cesse dans la direction du vent et
leur élévation devient de plus en plus grande en mar-
chant dans le sens du vent. Le même point du sol
se trouve recouvert, suivant les temps, d'une épaisseur
variable de sable. Enfin la forme des dunes en marche,
est généralement celle d'un croissant tournant sa con-
vexité vers le vent. La marche des dunes vers l'intérieur peut être très rapide, atteindre de 20 à 25 mètres
par an. Brémontier fit des plantations de pins mari-

times (1787) pour arrêter les progrès des dunes en Gascogne ; les branches des arbres arrêtent le vent, qui laisse tomber le sable. En Belgique, on fixe les dunes à l'aide de certaines herbes, qui en s'étalant sur le sol empêchent le sable d'être soulevé par le vent. Souvent l'homme est responsable de l'envahissement des dunes par la destruction des forêts. Les dunes n'existent pas seulement sur les côtes. On les trouve dans l'intérieur des continents, partout où le sol est sablonneux. Pour ce qui est des dunes continentales, comme au Sahara par exemple, elles ne sont pas très mobiles : dans un désert, le vent n'a ni la même force ni la même constance que sur le bord de la mer. Aussi le mouvement d'ensemble est presque insensible pendant la durée d'une génération ainsi que le montre la permanence des routes. La masse de l'atmosphère s'augmentant des particules solides qu'elle transporte peut, dans certains cas, devenir un agent puissant d'érosion. Le sable, projeté avec force contre un obstacle, peut y creuser des rainures profondes. Cette propriété naturelle a été utilisée industriellement pour l'invention du *soufflet à sable* qui constitue une véritable machine à user. Les géologues américains, en particulier MM. Blake, Newberg et Gilbert, ont observé de remarquables exemples de cet effet mécanique dans le Colorado et la Californie. Dans le Sahara, M. Rolland a recueilli des cailloux calcaires, à la surface desquels le sable avait dessiné des raies

laissant reconnaître la direction des vents dominants.
Voici, d'après M. Czerny, les vitesses et les pressions correspondantes des diverses espèces de vent.

Désignation des vents	Vitesse en mètres par seconde	Pression en kilogr. par mètre carré
Vent faible	0.30 à 4 m.	0^k.15 à 1^k.87
« modéré	4. « — 7 »	1. 87 — 5. 96
« frais	7. « — 11 »	5. 96 — 15. 27
« fort	11. « — 17 »	15. 27 — 34. 35
« violent	17. « — 23 »	34. 35 — 95. 4

Ces chiffres permettent de comprendre la faculté que possèdent les vents d'entraîner les poussières et les sables à de grandes distances. Les cendres du Vésuve, par exemple, ont été portées jusqu'en Grèce et à Constantinople. En 1875, les cendres du volcan d'Islande arrivèrent jusqu'à Stockholm, après un parcours aérien de 1900 kilomètres.

En Italie on a observé plusieurs fois la chute de sables qui provenaient du Sahara. Ces sables sont d'ailleurs entraînés par les alizés à une grande distance dans l'Atlantique.

Un fait curieux réside dans la présence de poussières d'organismes microscopiques et spécialement des diatomées dans la pluie ; les poussières sont fréquemment rouges, aussi donne-t-on à ces pluies le nom de *pluies de sang*.

Les poussières entraînées par le vent peuvent s'accumuler en certains endroits et y former des dépôts comme dans les hauts plateaux du Mexique, le *Loess*

de Chine qui n'est autre chose qu'un amas de poussière accumulé pendant des siècles par les vents du N.
Lorsqu'un pays se transforme en désert, il s'y établit
un centre de dépression barométrique, d'où un appel
d'air de tous les côtés. Ainsi, la dépression du Sahara
a fait naître, au nord du lac Tchad, un appel des vents
humides du S. O., et les bestiaux paissent aujourd'hui
sur un sol, dont les sables étaient autrefois en possession. L'action desséchante du désert n'est donc pas
destinée à s'étendre de proche en proche. Lorsque le
phénomène a atteint un certain degré d'intensité, il
pose lui-même des bornes à son développement. C'est
alors que l'action de l'homme peut utilement se faire
sentir pour accélérer, par des dispositions bien com-
binées, le travail que la nature a inauguré. Si un
changement de climat vient à se produire dans un
pays, une atmosphère sèche succède à un air suffisamment pourvu de vapeur d'eau. Une région jusqu'alors occupée par la végétation peut se transformer
en désert. C'est ainsi que le territoire du Colorado et
le bassin du Grand Lac Salé ont vu, sous l'influence
d'un changement d'humidité dans leur atmosphère,
leurs plaines se transformer en déserts de sables ou
de pierres. Le vent peut donc modifier la surface terrestre, d'après la sécheresse, et d'après la vitesse des
masses d'air en mouvement et, d'autre part, l'effet des
vents est profondément modifié dans chaque lieu par
les circonstances topographiques.

V

Rôle chimique de l'atmosphère.

Rôle de l'oxygène : combustions ; altérations de certains corps ; mélanges gazeux explosifs. — Extraction de l'oxygène de l'air. Rôle de l'azote. — Argon. — Origine de l'acide carbonique : sa constance. — Rôle de la vapeur d'eau atmosphérique : corps hygroscopiques, corps déliquescents. — Ozone : Réactif de l'ozone — Acide sulphydrique, azotique, sulfureux ; gaz ammoniac et carbures d'hydrogène. — Microbes et Fermentations (Vinaigre, Maladie des vins, Nitrification). — Action de l'air sur les métaux (rouille), sur les alliages. — Production des oxydes. — Action de l'air sur la chaux, les ciments, les mortiers. — Action sur les sulfures : grillage. Rôle de l'air en métallurgie. — Action sur les chlorures : encres sympathiques. — Action sur les sels : Déliquescence et efflorescence. — Rôle de l'air dans l'industrie des produits chimiques, le blanchiment, la dessication, etc. — Action sur les composés organiques (Actions vives et actions lentes) : Vert-de-gris, encre, indigo, vernis, etc. — Fermentations lactique, putride. — Analyse microbienne de l'air. Influence de la nature du milieu sur le développement des fermentations.

Nous allons étudier le rôle chimique de l'air sur les éléments minéraux du globe, et insister surtout sur les phénomènes chimiques utilisés par l'industrie humaine. Nous commencerons par passer en revue les différents corps qu'on peut rencontrer dans notre atmosphère.

Lavoisier (1775) a le premier montré que le rôle de l'O.[1] atmosphérique était considérable dans la nature ; toutes les combustions qui se font au sein de l'air ont pour origine l'O. atmosphérique ; c'est lui qui intervient dans tous les phénomènes produits dans les appareils de chauffage et d'éclairage avec flamme, utilisés par l'homme. Chaque fois que l'O. se fixe sur un corps, il se produit une oxydation, qui peut être lente comme quand on abandonne un bâton de phosphore à froid, à l'action d'une quantité d'air limitée, ou rapide, comme quand on fait brûler le phosphore à l'air. Le phénomène lumineux que présente le phosphore de pouvoir luire dans l'obscurité est dû à une oxydation lente du phosphore. La combustion du soufre à l'air donne un gaz, l'acide sulfureux employé pour le blanchiment. L'acide sulfureux donne à son tour par l'action de l'O. de l'air l'acide sulfurique, dont l'importance industrielle est si considérable. Les charbons, en s'emparant de l'O. produisent le gaz CO_2.

Beaucoup de corps s'altèrent à l'air, grâce à la pré-

[1] Rappelons que O est le symbole de l'oxygène.

sence de l'O., par exemple les dissolutions aqueuses de sulfate de protoxyde de fer, de cyanure de potassium, de protosulfure de potassium, des acides sulfureux, sulphydrique, iodhydrique, l'acétylure de cuivre, le zinc méthyle et beaucoup de composés organo-métalliques. L'indigo blanc se transforme à l'air par oxydation en indigo bleu. L'aldéhyde s'altère et finit par se convertir en acide acétique. Il y a même des corps qui ne peuvent pas exister en présence de l'air. Le bioxyde d'azote est un gaz incolore qui, en arrivant au contact de l'air, absorbe l'oxygène et donne un mélange rougeâtre de vapeurs nitreuses. L'hydrogène phosphoré est un gaz qui s'enflamme de lui-même à l'air.

L'air agit très souvent comme agent chimique en présence de la mousse de platine. C'est ainsi que l'alcool peut donner naissance à l'aldéhyde.

C'est encore à l'O. qu'on doit rattacher les phénomènes explosifs, auxquels l'air, mêlé à certains gaz ou vapeurs, peut donner lieu (hydrogène, gaz hydrogénés, gaz d'éclairage, grisou, sulfure de carbone, etc.).

L'O. peut s'extraire de l'air par différents procédés. Nous ne signalerons que celui de Boussingault, qui a été appliqué industriellement. Il consiste à absorber l'O. de l'air dépouillé de son CO^2 par la baryte : il se forme du bioxyde de baryum, qui, chauffé à une température un peu plus élevée, abandonne son oxygène. Quant à l'Az., on l'a obtenu comme résidu de la 1re opération ; on a donc en même temps l'Az. et l'O.

de l'air. On peut emmagasiner ce dernier sous pression dans des tubes résistants et l'utiliser soit pour produire des effets calorifiques (chalumeaux) soit des effets lumineux (lumière Drummond), intenses.

Les quantités d'O. contenues dans 100 volumes d'air varient de 20.802 à 20.973.

L'azote a été longtemps regardé comme inerte, c'est-à-dire comme à peu près incapable d'entrer en combinaison. Son rôle a été mis en lumière ces dernières années par les travaux de M. Berthelot qui ont fait voir qu'un grand nombre de matières organiques peuvent, par action électrique, absorber l'azote, par exemple; sous l'influence de l'électricité atmosphérique à faible tension. D'autre part, l'azote de l'air peut être fixé par des organismes microscopiques, habitants superficiels du sol, qui le donnent au sol, sous forme de nitrates. Ces nitrates sont assimilés par les plantes, puis servent à la nutrition des herbivores, qui à leur tour servent d'aliment aux carnivores ; puis l'azote retourne à l'air, à la décomposition finale. L'azote parcourt ainsi un cycle fermé, entrant d'un corps dans un autre, et ayant, par là même, une importance dans les phénomènes de la vie, qui est loin d'être nulle. Il ne sert pas seulement à modérer l'action de l'O., et s'il n'a pas le rôle le plus brillant à côté de son voisin l'O. il n'en a pas moins une place importante dans l'échelle des transformations successives que subit l'air atmosphérique. Pour avoir de l'azote il suffit de prendre une masse limitée d'air et d'absorber l'O. Par exemple, le cuivre en présence de l'ammoniaque à froid fixe l'O. de l'air et laisse comme résidu l'Az [1].

L'*acide carbonique* a pour origine une foule de combustions, y compris les combustions qui se produisent sous l'action de la vie chez les animaux et les végétaux. Il en sort, dans les régions volcaniques, soit par les évents des volcans, les fissures du sol, les sources minérales. Les caves, les fours à chaux, les cuves en fermentation, la putréfaction et la combustion lente des matières organiques en produisent également. Comment alors expliquer la constance de la proportion d'acide carbonique de l'air ? M. Schlœsing a fait remarquer qu'il se forme, à la surface des continents et dans les profondeurs des mers, des concrétions calcaires, provenant d'animaux, très petits en général (coquilles, madrépores, coraux, etc.) qui laissent leurs dépouilles en quantité si grande qu'elles suffisent dans les mers à former des récifs et des îles nouvelles. Si la proportion d'acide carbonique augmente dans

----

[1] En 1894, deux physiciens anglais ont montré que l'air, débarassé de son O, de sa vapeur d'eau et de son CO_2 est en réalité un mélange d'azote et d'un autre gaz dans la proportion de 1 0/0 qu'ils ont appelé *argon*. Ce gaz a pu être caractérisé par son spectre, complètement différent de celui de l'azote ; on a pu en outre le séparer de l'azote en absorbant ce dernier gaz par le magnésium chauffé au rouge. L'argon n'a d'ailleurs jusques ici qu'une importance théorique.

l'air, une partie se dissout dans l'eau, se fixe sur le carbonate, pour donner du bi-carbonate soluble. Si, au contraire, l'acide carbonique atmosphérique diminue, le bi-carbonate dissous se présente a l'état de carbonate, laissant dégager CO_2 dans l'air. On a donc là un phénomène qui peut servir de régulateur à la quantité de CO_2 atmosphérique.

Ce gaz altère beaucoup de corps ; aussi, malgré sa faible proportion dans l'air a-t-on à constater souvent ses effets : ainsi, la potasse, la soude, etc., se transforment a l'air, au moins superficiellement, en carbonate. L'eau de chaux se recouvre à l'air d'une mince pellicule de carbonate de chaux.

Il existe en plus grande quantité dans l'atmosphère des villes que dans celle des campagnes. Il se dissout facilement dans les eaux, où il y facilite la dissolution du phosphate et du carbonate de chaux, qui, dans l'eau pure, sont à peu près insolubles.

La vapeur d'eau atmosphérique, qui a un rôle physique si considérable, a un rôle chimique également très important. Elle agit sur beaucoup de substances. Certains corps attirent l'humidité (corps hygroscopiques, corps déliquescents). L'acide sulfurique, le chlorure de calcium, l'acide phosphorique anhydre, etc., sont des substances déliquescentes qu'on emploie quand on veut priver d'eau ou dessécher un volume d'air limité (cage des balances.)

On trouve encore dans l'atmosphère un gaz particu-

lier, l'ozone, qui n'est que de l'O. condensé et paraît
produit par l'électricité. Certaines réactions chimiques
s'effectuant dans l'air peuvent en donner, par exemple,
l'oxydation lente du phosphore à l'air humide. Ce gaz
a un pouvoir oxydant beaucoup plus énergique que
l'O. ordinaire et une odeur caractéristique vive. On a
constaté que, lors des épidémies, il n'y avait pas
d'ozone dans l'air qui entourait le siège de l'épidémie.
Pour constater la présence de l'ozone, l'on peut avoir
recours au papier de tournesol rouge, dont une moitié
est imprégnée d'iodure de potassium. Sous l'influence
de l'ozone, cette moitié bleuit, la partie rouge restant
intacte. Les vapeurs nitreuses produisent le même
effet ; aussi le procédé n'est sûr et n'indique la présence de l'ozone que quand l'atmosphère ne contient
pas de vapeurs nitreuses. L'acide sulphydrique a pour
origine les eaux sulfureuses, et aussi la décomposition de matières organiques contenant du soufre.

La combustion de l'hydrogène à l'air donne un peu
d'acide azotique ; il s'en produit dans toutes les oxyda-
dations qui ont lieu à l'air en présence de l'eau et des
bases. Pour constater sa présence dans l'air, il suffit
de faire passer un courant d'air dans du carbonate de
potasse, on y trouve de l'azotate.

Il y a constamment un peu de gaz ammoniac dans
l'air ; mais la proportion augmente, quand on s'élève.
On en trouve de 1 à 2 milligrammes par mètre cube
à la surface, 3 milligrammes au Puy-de-Dôme à

1464 mètres, 5 milligrammes au Pic de Sancy à 1886 mètres. Une source d'ammoniaque se trouve dans la décomposition spontanée des matières organiques (urines, fumiers, débris organiques, immondices, etc). Il s'en forme, sous l'influence de l'électricité et par suite dans les orages, ce qui explique sa présence dans l'atmosphère des montagnes.

Dans l'atmosphère des villes industrielles, on trouve de l'acide sulfureux qui provient de la combustion du soufre, des pyrites, de la houille ; enfin on trouve toujours une petite quantité de carbures d'hydrogène.

Enfin, on trouve dans l'air des corps microscopiques, des poussières qu'il est facile d'apercevoir en grand nombre, lorsqu'un rayon de soleil vient éclairer l'intérieur d'une chambre obscure. Parmi ces corps, ainsi tenus en suspension dans l'air, on trouve des débris de végétation et de cellules des débris minéraux, du sulfate de soude en particulier. Les dissolutions sursaturées salines, qui, à un moment donné, cristallisent dans l'air, montrent que l'atmosphère peut contenir un grand nombre de poussières minérales.

Dans l'atmosphère se trouvent une quantité de germes organisés : ces germes, semés dans des milieux de culture convenables. peuvent donner naissance à des êtres microscopiques organisés, connus aujourd'hui sous le nom de microbes ; ces microbes produisent les phénomènes des fermentations. Nous allons préciser le rôle chimique de quelques-uns d'entre eux. Par exemple, la fabrication du vinaigre se rattache à une action de ce genre : l'alcool est oxydé grâce à un ferment particulier, *mycoderma aceti*, et transformé en vinaigre. Ce mycoderme se développe en pellicule mince à la surface des liquides alcooliques, contenant des matières azotées et des phosphates. Ce mycoderme, au contact de l'air, lui emprunte l'O. pour le fixer sur l'alcool et le transformer en acide acétique ; il faut éviter que l'action se prolonge trop ; car, dès qu'il n'y a plus d'alcool, l'activité du mycoderme détermine l'oxydation de l'acide lui-même et sa transformation en eau et acide carbonique.

Les maladies des vins proviennent des germes apportés par l'air pendant la fermentation ou déposés par lui à la surface des grains de raisin. Ce sont des germes en suspension dans l'air, qui déterminent un grand nombre de fermentations et ramènent à l'état d'eau, d'acide carbonique et d'ammoniaque, les matières organiques les plus complexes. Dans le sol, on trouve des azotates, dûs à l'oxydation des matières organiques azotées ou des composés ammoniacaux par l'O. de l'air, sous l'influence d'un ferment appelé *ferment nitrique.*

Envisageons maintenant, d'une façon générale, le rôle chimique de l'air, dont l'action principale est due à la présence simultanée de l'oxygène. de la vapeur d'eau, et de l'acide carbonique ; aussi l'air sec se comporte-t-il souvent d'une façon fort différente de l'air humide.

Il n'y a que le potassium parmi les métaux qui soit oxydé par l'air sec à la température ordinaire ; tous les autres s'oxydent à température plus ou moins élevée, sauf l'or et le platine, qui sont des métaux précieux, autant par leurs qualités que par leur rareté. Souvent l'oxydation d'un métal se fait avec dégagement de chaleur et de lumière : c'est par exemple le cas du zinc. Si le métal est bien divisé, l'oxydation est bien plus rapide (Fer pyrophorique — Antimoine fondu et fortement chauffé). L'aluminium s'oxyde à peine aux températures élevées, parce qu'il se recouvre d'une couche protectrice d'alumine.

L'air humide, par l'action de l'eau et de l'acide carbonique, oxyde à la température ordinaire tous les métaux, sauf les métaux précieux. Le cuivre humecté d'acide acétique absorbe l'O. atmosphérique et donne l'acétate de cuivre. La lame des couteaux en fer, qui coupent des fruits acides, s'altère rapidement ; aussi emploie-t-on pour cette opération des couteaux à lame d'argent. Le zinc, le cuivre, le plomb, perdent leur éclat dans l'air ; mais l'altération n'est que superficielle, parce que ces métaux se recouvrent d'une couche imperméable d'hydrocarbonate ; avec le fer, l'altération est profonde, parce que l'oxyde formé est poreux : c'est la rouille. Le fer rouille d'abord avec lenteur, mais une fois l'oxydation commencée, elle s'accélère très vite. L'air agit d'ailleurs à la fois par son oxygène, sa vapeur d'eau, son acide carbonique : si on

enlève l'un de ses éléments l'oxydation ne se produit
plus : ainsi une plume en fer, plongée dans une dissolution alcaline, reste inaltérée. On sait quels sont les
moyens employés pour prévenir la destruction des objets en fer : on place par exemple plusieurs couches de
peinture sur les grilles et ferrures de toute espèce.
On a recours à l'émail pour recouvrir le fer battu et la
fonte de beaucoup d'ustensiles de ménage qui peuvent
alors résister à l'action de l'air et à celle des acides.
On peut encore recouvrir d'un métal moins oxydable,
le nickel par exemple, car le nickel ne s'oxyde pas à
l'air froid, mais seulement aux températures élevées.
Pour les plaques, on a recours à l'étain et on a le fer
blanc ou étamé. Pour les lames ou fils, qui doivent
rester flexibles, on recouvre de zinc et on a le fer gal-
vanisé. On protège les candélabres et les fontaines en
fonte des places publiques en les recouvrant électri-
quement d'un dépôt de cuivre.

Les métaux alcalins s'altèrent rapidement à l'air
humide : le potassium se recouvre d'une couche blan-
châtre d'hydrate alcalin et brûle à température élevée :
aussi, le conserve-t on, pour éviter son altération,
dans un carbure d'hydrogène, l'huile de naphte, par
exemple.

Le magnésium s'oxyde dans l'air humide ; il s'enflamme à l'air et brûle avec une flamme éblouissante
(photographie). On remplace par des plaques de tôle
couvertes de plomb les couvertures des toits en zinc,

qui, à la longue, s'altèrent sous l'action de l'atmosphère et surtout des pluies.

Au rouge, le fer brûle en donnant l'oxyde magnétique : c'est cet oxyde (oxyde des battitures) qui, sous le choc du marteau, se détache du fer incandescent ; c'est lui qui se forme dans le fer pyrophorique, obtenu par réduction de l'oxyde de fer par l'hydrogène, et aussi quand de petites parcelles métalliques sont violemment arrachées par le choc d'un silex, d'une lame de fer en produisant de brillantes étincelles.

L'antimoine est inoxydable à l'air à la température ordinaire, comme le bismuth, le cobalt ; mais ils s'oxydent à température élevée. L'étain ne s'altère pas sensiblement à froid mais à 200° il s'oxyde et, à température élevée, il se forme de l'oxyde avec incandescence. Le plomb s'oxyde à l'air par la chaleur en donnant un oxyde fusible (litharge) : il ne faut donc pas trop chauffer les vases en plomb. Cette propriété est utilisée dans la coupellation du plomb argentifère, pour séparer le plomb de l'argent. A froid, il se ternit rapidement au contact de l'air, par suite de la formation d'une couche de sous-oxyde. Chauffé un peu au-dessus de sa température de fusion, il se couvre d'une pellicule irisée, qui absorbe l'O. de l'air et se transforme en oxyde jaune (massicot). A température plus élevée, on a un oxyde fondu, qui cristallise par refroidissement (litharge).

Le cuivre se recouvre dans l'air humide d'une

couche d'hydrocarbonate. Cette *patine* se forme aussi sur les alliages de cuivre et d'étain, mais protège le métal. La présence d'un acide (vinaigre), susceptible de former avec l'oxyde de cuivre un sel soluble, accélère beaucoup l'oxydation au contact de l'air : de là vient le danger de conserver des aliments dans les vases en cuivre ; il se forme un sel vénéneux. C'est pour l'éviter qu'on étame les ustensiles de cuivre.

La surface du mercure se ternit rapidement à l'air : l'aspect grisâtre de la surface tient à la présence d'un sous-oxyde formé au contact de l'air. Cet oxyde s'enlève très bien par adhérence avec une surface de verre. A 350°, il se produit de l'oxyde rouge : c'est l'expérience de Lavoisier, découvrant la composition de l'air.

L'argent ne s'oxyde pas à l'air, à la température ordinaire : c'est sur cette propriété qu'est fondée la méthode de coupellation, qui sert à déterminer le titre d'un alliage d'argent. L'or est inaltérable à l'air à toute température, ainsi que le platine. Le noir de platine, la mousse de platine sont formés de platine très poreux obtenu dans certaines circonstances spéciales ; ils possèdent la propriété de condenser des gaz. Le platine forgé présente aussi ces propriétés de condensation, surtout à haute température.

Les alliages sont en général moins oxydables à l'air que les métaux constituants. Cependant, si, par suite de l'oxydation, l'un produit un acide et l'autre une base, l'altération de l'alliage à l'air est plus rapide que celle des métaux isolés. Aussi les alliages d'étain et de plomb — ou d'antimoine et de potassium — chauffés légèrement, brûlent avec incandescence.

L'oxydation à l'air des métaux est utilisée industriellement pour la production des oxydes : en chauffant fortement à l'air le zinc fondu, on a le blanc de zinc. Le plomb fondu donne de même à l'air du massicot et, par action prolongée, du minium. L'oxyde de cuivre s'obtient en chauffant à l'air le cuivre très divisé.

Certains oxydes, qui contiennent relativement peu d'O., peuvent encore se suroxyder, quand on les échauffe à l'air. Ainsi, le protoxyde d'étain bien chauffé à l'air brûle comme de l'amadou, en donnant le bioxyde, corps blanc. De même, la baryte se change en bioxyde. A la température ordinaire, la baryte absorbe peu à peu l'humidité, et l'acide carbonique de l'air, en formant un carbonate blanc insoluble. L eau de chaux absorbe aussi l'acide carbonique, et il faut la conserver dans des flacons bien bouchés. La chaux elle-même à l'air absorbe peu à peu l'eau et l'acide carbonique ; elle se transforme en hydrate et carbonate de chaux et tombe en poussière. On dit qu'elle se délite. Le ciment est une variété de chaux, qui, mélangée à l'eau, se solidifie en quelques instants à l'air. Les mortiers ordinaires sont des mélanges de chaux éteinte et de sable, qui durcissent lentement au contact de l'air et acquièrent une très grande dureté. Cette dureté tient à ce que CO^2 atmosphérique transforme lentement la chaux hydratée en carbonate insoluble qui contracte une grande adhérence pour les grains de sable. Il est importantque la dessiccation d'un mur ne se fasse que lentement, afin que CO_2 puisse agir à une plus grande profondeur et donner plus d'adhérence aux matériaux.

L'hydrate d'oxyde de zinc absorbe rapidement l'acide carbonique de l'air : aussi la peinture au blanc de zinc ne résiste pas autant à l'air que la peinture à la céruse.

L'acide chromique est déliquescent ; il attire l'humidité de l'air et produit un liquide brun foncé.

Laissons là les oxydes, et arrivons aux sulfures. Les sulfures s'emparent de l'O. de l'air. Scheele avait utilisé cette propriété, pour faire l'analyse de l'air : mais la méthode a été abandonnée, à cause de son peu d'exactitude. Certains sulfures peuvent être obtenus, comme les oxydes, par leur préparation même, à l'état de division extrême. Projetés dans l'air, ils produisent une gerbe de feu, c'est-à-dire s'oxydent en dégageant chaleur et lumière. Exemple : le pyrophore de Gay-Lussac, obtenu en réduisant par le charbon le sulfate de potasse.

L'action de la chaleur sur certains sulfures constitue l'opération du grillage, qui donne des oxydes. Ainsi le sulfure de plomb à température peu élevée se transforme en sulfate ; mais au rouge blanc, ce sulfate se décompose en acide sulfureux et oxyde. De même pour les sulfures de zinc et de cuivre. Le sulfate de mercure se décompose complètement par la chaleur, en donnant l'acide sulfureux et le métal, C'est là une réaction précieuse, utilisée dans la métallurgie du mercure.

L'air humide réagit plus facilement que l'air sec : ainsi le sulfure de fer ou pyrite, qui résiste à l'action de l'air sec à la température ordinaire, s'altère peu à peu au contact de l'air humide et se transforme en sulfate de fer avec dégagement de chaleur. C'est ainsi que se fait le sulfate de fer qui sert à la production de l'acide sulfurique fumant.

Cette chaleur est souvent assez considérable pour déterminer l'inflammation des houillères au milieu desquelles la pyrite est disséminée.

Le sulfure de zinc s'oxyde à l'air, en donnant le sulfate, si la température est peu élevée : c'est là le procédé industriel de préparation du sulfate. A température plus élevée, on a l'oxyde et l'acide sulfureux. Les minerais de certains métaux (cuivre, mercure, argent) sont des sulfures, qu'on soumet en général à des grillages à l'air. Ils leur font perdre une grande partie de leur soufre à l'état d'acide sulfureux : le plus souvent, le métal se combine à l'O. de l'air et donne un oxyde.

La pyrite blanche s'altère peu à peu au contact de l'air ; elle gonfle et se délite, en se transformant en sulfate : le grillage de cette pyrite donne le sulfate de fer du commerce ; il donne encore l'acide sulfureux nécessaire à la fabrication de l'acide sulfurique.

Le grillage des minerais de nickel (sulfure et sulfo arséniure) donne le nickel. Le grillage du minerai de cobalt (sulfo-arséniure) donne l'azur employé pour la peinture en porcelaine. Le sulfure d'antimoine, chauffé à l'air, s'oxyde peu à peu, en dégageant l'acide sulfureux (foie d'antimoine). Le grillage de la galène (sulfure de plomb) et la réduction donnent le plomb. La galène sert à former le vernis des poteries grossières, grâce à l'O. de l'air. Le sulfure de cuivre s'oxyde rapidement à l'air humide. Le grillage de la pyrite de cuivre fournit le cuivre et le raffinage du cuivre noir se fait avec un courant d'air oxydant. Le mercure et l'argent s'obtiennent aussi par le grillage de leurs sulfures.

Voyons maintenant l'action particulière sur les chlorures. Les chlorures d'aluminium, de fer, de cuivre, chauffés à l'air, se transforment en oxydes ; le chlorure de calcium est déliquescent ; il en est de même du chlorure de magnésium anhydre, qui ne se conserve que dans des flacons bien bouchés. Le chlorure de zinc se liquéfie peu à peu par suite du même phénomène. Il en est de même des chlorures d'antimoine, de bismuth. Les chlorures de nickel et de cobalt produisent les *encres sympathiques* et les fleurs barométriques. Les dissolutions étendues de ces sels sont rose-pâles ; ils deviennent bleus, si le papier est entouré d'air sec, et disparaissent à l'air humide. Le chlorure de chrome en dissolution bleue attire l'O. de l'air et donne un oxychlorure. Le protochlorure d'étain cristallisé jaunit à l'air, en absorbant de l'O. et de la vapeur d'eau ; l'altération de sa dissolution est encore plus rapide. Le bichlorure d'étain répand d'épaisses fumées blanches, dues à l'action des vapeurs du liquide sur la vapeur d'eau atmosphérique. Le chlorure d'aluminium est déliquescent ; il répand à l'air d'épaisses fumées, qui rendent son maniement difficile. L'iodure d'aluminium, en vapeur, s'enflamme à l'air.

Le chlorure de plomb au contact de l'air perd du chlore et absorbe l'O. pour donner un oxychlorure. Le sous-chlorure de cuivre en dissolution absorbe rapidement l'O. de l'air en donnant une coloration verte avec l'acide chlorydrique, bleue avec l'ammoniaque. Le chlorure d'or, inaltérable à l'air sec, est décomposable, par l'air humide.

Voyons l'action de l'air sur les principaux sels métalliques. C'est la présence de la vapeur d'eau dans l'air qui produit la déliquescence et l'efflorescence. A part cette action particulière, l'air n'a d'action sur les sels à la température ordinaire que si l'acide ou la base sont susceptibles de se suroxyder : les sulfites se transforment peu à peu en sulfates, les sels de protoxyde de fer en sels de sesquioxyde. L'air n'agit pas sur les carbonates, à moins que l'oxyde puisse se suroxyder : le carbonate de fer, chauffé à l'air, donne du sesquioxyde de fer.

L'azotate de potasse s'effleurit dans les pays chauds

à la surface du sol, après la saison des pluies ; dans les pays froids, on détermine la production du nitre, en exposant à l'action de l'air les terres poreuses, mêlées avec des cendres et des matières organiques, fumiers, etc.

La nitrification s'obtient, comme nous l'avons déjà dit, sous l'influence d'un ferment organisé, en présence de l'air ; il y a un lien étroit entre la fertilité et la nitrification ; aussi ce sont les pays les plus fertiles qui donnent le salpêtre. De plus, ce sont les terres légères qui le produisent là où l'air peut circuler facilement. L'oxydation des matières organiques se fait, non seulement dans les pays chauds, mais aussi dans les contrées tempérées, dans les écuries, les étables et les caves : l'azotate de potasse est inaltérable à l'air.

Le sesquicarbonate d'ammoniaque ou sel volatil d'Angleterre prend naissance dans la fermentation spontanée des matières organiques azotées : ce sel exposé à l'air perd peu à peu son ammoniaque, devient opaque, pulvérulent, et se change en bicarbonate. De même le phosphate neutre d'ammoniaque perd de l'ammoniaque à l'air.

Le borate d'ammoniaque s'effleurit dans l'air sec : il est utilisé comme ignifuge. Les étoffes imprégnées de ce sel, puis exposées à la flamme se carbonisent : l'eau et l'ammoniaque se dégagent : L'acide borique fond et forme un vernis vitreux, qui empêche l'action de l'air, c'est-à-dire l'oxydation de se produire et par suite l'inflammation.

Les sels hydratés de soude, sont en général efflorescents, c'est-à-dire perdent facilement la vapeur d'eau, se dessèchent ; le carbonate neutre s'effleurit à l'air, et absorbe de l'acide carbonique ; le bicarbonate en perd au contraire. L'azotate de soude est déliquescent dans l'air humide : la soude y absorbe la vapeur d'eau et devient liquide, mais en absorbant l'acide carbonique de l'air, elle passe à l'état de carbonate et devient solide. Les soudes naturelles ou carbonates de soude proviennent de l'incinération des végétaux à l'air, qui en donnent de 20 à 25 0/0.

Le chlorure de chaux est conservé avec un excès de chaux, sans quoi l'acide carbonique de l'air le décompose, en mettant en liberté l'acide hypochloreux. Il agit comme désinfectant et sert à assainir les ateliers, les prisons, les hôpitaux, les salles de dissection, les égouts, les fosses d'aisance.

L'azotate de chaux est déliquescent : il se forme naturellement dans les lieux humides. Les sels déliquescents ne peuvent exister en suspension dans l'air et les dissolutions sursaturées de ces sels conservent indéfiniment l'état liquide à l'air, tant qu'on n'y introduit pas un cristal solide.

Le plâtre est du sulfate de chaux ; quand il a été cuit et réduit en poudre, il doit être conservé à l'abri de l'humidité, il ne fait plus prise avec l'eau. L'air hu-

mide agit à la longue sur le verre : il est facile de constater dans les vieux bâtiments que les vitres subissent
une altération.

Des schistes pyriteux et alumineux, exposés à l'air,
donnent le sulfate d'alumine, qui sert à la préparation
de l'alun. L'alun combiné avec du charbon donne un
mélange, qui s'enflamme spontanément dans l'air humide (pyrophore de Homberg). La céruse, sous l'action
de la chaleur et de l'air, se décompose, en donnant la
mine-orange, qui est un mélange d'oxydes. Le sulfate
de zinc s'effleurit dans l'air sec; la calamine (carbonate) paraît résulter de l'altération de la blende
(sulfure) à l'air. Les cristaux de sulfate de fer à l'air
humide absorbent peu à peu l'O, et se recouvrent d'une
couche ocreuse de sous-sulfate de sesquioxyde de fer ;
l'altération est encore plus rapide avec la dissolution.
D'ailleurs, les dissolutions des sels de protoxyde
s'oxydent au contact de l'air.

Le cyanure de potassium s'obtient en faisant passer
un courant d'air sur des charbons imprégnés de potasse ; le cyanure de baryum, en faisant passer un courant d'air dépouillé d'O. par son passage sur du charbon, dans un tube de porcelaine chauffé et contenant
un mélange de carbonate de baryte et de charbon.

Si l'on fait passer un courant d'air à travers un
foyer contenant une forte colonne de coke incandescent, on obtient un gaz combustible, l'oxyde de carbone,
qu'on utilise industriellement.

Le blanchiment des toiles s'effectuait autrefois à l'air ; on étendait les toiles sur les prairies, et l'action simultanée de la lumière solaire, de la rosée, de la pluie, de l'O. produisait l'oxydation du principe colorant ; mais le procédé était long.

La combustion des corps dans l'air n'est complète qu'autant qu'ils sont toujours au contact de l'O.

L'air est employé comme corps desséchant, quand il est éloigné de son point de saturation ; ainsi, en Egypte on sèche la fiente des chameaux à l'air pour s'en servir ensuite de combustible. C'est de la suie de ces combustions qu'on retirait autrefois le sel ammoniac : aujourd'hui, on le prépare à l'aide des eaux qui résultent de la fermentation des urines à l'air. Dans la fabrication des briques, on les laisse sécher à l'air ; dans les pays chauds, pour avoir de l'eau fraîche, on la place dans les vases poreux (alcarazas), qu'on soumet à l'action d'un courant d'air. Le fer blanc finit par s'altérer à l'air. L'acier Bessemer s'obtient en brûlant partiellement à l'aide d'un fort courant d'air les éléments étrangers. L'affinage de la fonte blanche, c'est-à dire sa transformation en fer, consiste à oxyder par l'air, à température élevée, la plus grande partie du charbon et des matières étrangères qui s'y trouvent.

Telles sont les principales actions de l'air sur les métaux et les composés métalliques. Arrivons maintenant à l'action de l'air sur les composés organiques. Beaucoup de ces composés à température plus ou

moins élevée sont susceptibles de donner lieu dans l'air
à des oxydations ou combustions vives : ainsi beaucoup d'hydrocarbures sont combustibles. Les résines,
qui se forment dans l'oxydation lente des essences au
contact de l'air, le phénol, la benzine, la naphtaline,
brûlent à l'air avec une flamme fuligineuse, l'alcool
brûle avec une flamme bleuâtre. Le chlorure d'éthyle
brûle avec une flamme verte. L'éther brûle avec une
flamme blanche ; sa vapeur donne avec l'air un mélange détonant et son oxydation lente donne les mêmes
produits que celle de l'alcool. Le mercaptan brûle avec
une flamme bleue. Le zinc éthyle, répand à l'air
d'épaisses fumées blanches et s'enflamme. L'alcool
méthylique, l'aldéhyde, brûlent au contact de l'air. Les
vapeurs d'acide acétique brûlent avec une flamme
bleue. L'acide benzoïque brûle avec une flamme écla-
tante ; il en est de même du caoutchouc, etc.

Arrivons maintenant aux oxydations lentes. L'essence
de térébenthine s'oxyde lentement à l'air : elle donne
d'abord des acides doués de propriétés oxydantes et
qui décolorent l'indigo, puis elle se résinifie : la colo-
phane, par exemple, résulte de l'oxydation à l'air de
l'essence de térébenthine. La gutta-percha s'oxyde lentement au contact de l'air sous l'influence de la lumière. Les corps gras s'altèrent peu à peu à l'air : on
dit qu'ils rancissent. Les huiles siccatives (lin, noix,
œillette) s'épaississent, en absorbant l'O de l'air et dégageant CO^2. Les huiles non siccatives, comme l'huile

d'olive, ne perdent pas leur limpidité en s'oxydant.

L'orsine cristallisée, au contact de l'air se colore en rouge ; sa dissolution s'oxyde. Sous l'influence de l'air et de l'ammoniaque, elle se colore en violet et donne l'orcéine, principe du tournesol, que l'on obtient en faisant agir l'air, l'amoniaque et la potasse sur les lichens tinctoriaux.

L'air, sous l'influence de la lumière, oxyde l'aldéhyde contenue dans l'essence d'amandes amères et donne de l'acide benzoïque. Tous les flacons où l'on conserve l'essence sont tapissés à leur partie supérieure de cristaux d'acide benzoïque. Le vert-de-gris s'obtient dans le midi de la France, en abandonnant à l'air des lames de cuivre, empilées avec des marcs de raisin. L'acide oléique à l'air absorbe 20 fois son vol. d'O.

Pour fabriquer l'encre, on a recours à un mélange de noix de galle, de gomme arabique et de sulfate de fer, qu'on agite à l'air ; la matière s'oxyde et prend une belle teinte noire. L'aniline, la nicotine, sont des liquides incolores qui brunissent en absorbant l'O. de l'air. L'indigo blanc donne à l'air peu à peu l'indigo bleu qui est insoluble, cette propriété est appliquée industriellement pour colorer les tissus en bleu.

Les vernis sont des dissolutions de résines qui, appliquées en couches minces, sèchent à l'air et préservent les corps de l'humidité et du contact de l'air.

L'alcool absorbe la vapeur d'eau de l'air humide. Les rubans de cire jaune des abeilles, exposés à la lumière solaire et à l'humidité, donnent la cire blanche. A l'air humide le gluten se gonfle, se ramollit et finit par se putréfier : c'est à cette altération qu'est due celle de farines à l'air. L'acide saccharique est déliquescent.

Le noir de platine en présence de l'air favorise beaucoup les oxydations : ainsi, les alcools produisent des aldéhydes. Avec l'alcool méthylique, on obtient de l'eau et de l'aldéhyde méthylique, la glycérine donne de l'acide glycérique, etc.

Voyons maintenant les fermentations qui peuvent se produire à l'air et sont favorisées par lui.

Tout liquide qui contient de l'alcool ou est susceptible de devenir alcoolique, produit de l'acide acétique au contact de l'air et du mycoderma aceti (vin, bière ou cidre). Le vin, placé dans les tonneaux incomplètement remplis ou mal bouchés, laisse se développer le mycoderma aceti, qui absorbe l'O. de l'air et transforme l'alcool en vinaigre : on dit le vin piqué ou aigre. Le chauffage des vins en assure la conservation, en détruisant les parasites qui y sont contenus. Le vin, la bière, le cidre aigrissent à l'air, surtout en été. L'altération de la bière est due à ce que, pendant la fermentation, ce liquide reçoit les germes contenus dans l'air : M. Pasteur a disposé une cuve qui permet d'obvier à ces inconvénients.

Le lait, abandonné à l'air, subit la fermentation lastique et l'acide lactique formé produit la coagulation du lait. Abandonnées à l'air, les matières albuminoïdes subissent la fermentation putride. Cette fermentation est due à un vibrion, dont le germe est transporté par l'air, bien qu'il ne se développe qu'à l'abri de l'O. Si la putréfaction se produit souvent dans des liquides exposés à l'air humide, c'est qu'il se forme d'abord à la surface et dans l'intérieur du liquide des bactéries qui absorbent l'O. dissous et ce n'est qu'après la disparition complète de cet O. que les vibrions apparaissent et peuvent se multiplier. Dès que la putréfaction est commencée, il se produit dans le liquide deux genres d'actions chimiques bien différentes : les vibrions qui se développent à l'abri de l'air transforment les matières azotées en produits plus simples, que les bactéries oxydent en produisant de l'eau, de l'ammoniaque et de l'acide carbonique.

Les ferments se trouvent à l'état de germes dans l'air de l'atmosphère. Si l'on recueille les poussières qui s'y trouvent en suspension, en faisant par exemple comme l'a indiqué M. Pasteur, passer un courant d'air dans un tube de verre renfermant un tampon de coton azotique soluble dans l'éther, on peut, après avoir dissous ce coton, étudier au microscope les poussières contenues dans l'air et qu'il a arrêtées au passage. On y constate la présence de germes, dont il est facile ensuite de suivre le développement dans des milieux de culture convenables. Ces germes se déposent sur tous les corps, sur les pellicules de grains de raisin par exemple comme il est facile de le constater, en soumettant une grappe de raisin à un lavage à l'eau. Les dissolutions des matières organiques les plus altérables ne s'altèrent pas, si elles ne contiennent pas de germes ou si elles sont baignées par un air qui en soit complètement privé. C'est ce que M. Pasteur a montré, comme nous le verrons un peu plus loin en détail, avec ses expériences célèbres, qui ont à jamais démoli les théories des prétendues générations spontanées.

Une seule fermentation prend en général naissance dans un liquide exposé à l'action de l'atmosphère malgré la multiplicité considérable de nombreux germes différents. Le jus de raisin, abandonné à l'action de l'air, fermente, et le ferment qui s'y développe à basse température est uniquement le ferment alcoolique du raisin. Dans de l'eau sucrée, mêlée de sel ammoniac, de carbonate et de phosphate de chaux, c'est le ferment lactique qui s'y développe, parce que le milieu neutre lui convient mieux qu'à tout autre ferment, etc. M. Raulin, en faisant varier la composition d'un milieu artificiel, a constaté que le germe, qui se développait de préférence aux autres, dépendait de la composition de ce milieu.

Telle est à peu près au moins, dans ses lignes essentielles, l'esquisse rapide du rôle chimique de l'air. Elle peut nous donner la physionomie générale des influences chimiques que l'atmosphère exerce sur tout ce qu'il touche et en particulier sur les corps employés par l'industrie humaine pour ses besoins.

6*

VI

Les phénomènes atmosphériques
de la vie.

Respiration animale : hématose. — Accidents divers de la
respiration — Air comprimé, raréfié. — Protection du
corps contre la chaleur, le refroidissement, etc. — Odeurs
atmosphériques. — Sens auditif : oreille et ses parties.
— Respiration végétale ; transpiration des feuilles. Assimilation de l'oxygène, de l'acide carbonique. Pollen. —
Respiration des fleurs. — Pluies de soufre.

Nous avons étudié jusqu'ici le rôle physique de l'atmosphère, son rôle chimique sur les éléments minéraux ; les quelques pages que nous venons de consa-
crer aux ferments, aux êtres organisés microscopiques,
nous serviront de transition pour étudier le rôle de
l'atmosphère dans les phénomènes biologiques aussi
bien chez les animaux que chez les végétaux. Le rôle
de l'atmosphère dans la vie des animaux vivants est

capital : tous ont besoin d'air pour vivre et cet air est pour eux un véritable aliment. On sait que, quand la respiration est arrêtée pendant un temps très court, il se produit dans l'organisme humain, par exemple, des troubles particuliers qui amènent rapidement la mort.

C'est donc le phénomène de la respiration animale que nous allons envisager, en prenant comme type la respiration humaine.

Les phénomènes respiratoires peuvent être rapprochés des phénomènes digestifs, à cela près, que, tandis que les aliments vont subir dans les différents organes où ils passent, des modifications profondes, avant d'être assimilables, les aliments de l'air sont, à cause de leur caractère gazeux, assimilés directement. L'air avant d'arriver aux poumons doit se charger de chaleur et de vapeur d'eau pour se trouver, sous ce rapport, dans le même état que la surface pulmonaire qu'il a à toucher. C'est pourquoi les fosses nasales, où se fait l'entrée de l'air, sont formées par une muqueuse très humide, très riche en sang et partant très chaude. Elle renferme une infinité de replis (cornets) entourant des canaux étroits (méats) qui sont pour l'air autant de véritables filtres, chargés d'arrêter les matières en suspension et par suite de purifier l'air.

Les mouvements de la respiration sont dûs à des inégalités de pressions et à des mouvements qui permettent à la cavité pulmonaire de se dilater ou de se rétrécir. Le phénomène de la respiration n'est qu'une combustion dont Lavoisier a précisé la nature lors de la découverte de l'O. dans l'air. C'est que, depuis sa naissance jusqu'à sa mort, l'animal absorbe sans cesse de l'O. atmosphérique. L'être qui respire, tout en consommant cet O., exhale de l'acide carbonique et de la vapeur d'eau. Ce double phénomène gazeux, d'où résulte la revivification continuelle du sang, constitue l'*hématose*. Nous introduisons par jour dans notre poumon environ 10 mètres cubes d'air, qui contiennent à peu près $2^{kg}, 5$ d'O. — Or, dans l'air expiré, on ne trouve plus que $1^{kg}, 750$ d'O. Le poumon en a donc retenu environ 750 grammes. D'autre part, l'air atmosphérique contient bien moins de CO_2 que l'air expiré : en moyenne, dans les 24 heures, on exhale 850 grammes de CO_2.

Cet acide carbonique provient du sang des veines, ou sang veineux, qui se débarrasse de ce produit et se charge d'O. en passant, par l'intermédiaire des poumons, dans les artères, à l'état de sang artériel. La différence entre le sang veineux et le sang artériel. consiste dans la prédominence de l'O. dans le 1er, de CO_2 dans le 2e. Dans le poumon, il y a échange entre l'air et le sang, qui, abandonnant CO_2, s'enrichit en O. D'autre part, le sang dégage de la vapeur d'eau : 300 grammes en moyenne par 24 heures.

Le poumon est simplement le siège d'un échange

de gaz mais c'est au cœur même des tissus que se produisent dans tout l'organisme les combustions, qui ont pour effet de transformer l'O. en CO_2. Il est facile de vérifier qu'un muscle, détaché du corps, absorbe de l'oxygène et dégage CO_2.

En résumé, l'acte de la respiration présente, chez l'homme et chez les animaux supérieurs, 3 phases : — 1° respiration des tissus ; 2° fonction du sang comme véhicule des agents et des produits gazeux de la respiration ; 3° échange gazeux du sang au niveau de la surface pulmonaire.

Les organismes inférieurs (animaux monocellulaires) respirent directement dans le milieu où ils vivent comme les tissus dans le sang. Certains animaux, à stucture déjà très complexe (insectes et articulés en général), au lieu de respirer par l'intermédiaire du sang, respirent directement dans l'air. Ce sont les globules du sang, qui transportent l'O. Plus un animal possède de sang, plus il contient d'O. en provision, plus il pourra se passer longtemps d'air. Paul Bert a montré que, chez les animaux plongeurs (canards), la résistance à l'asphyxie, comparativement au poulet, est due à une plus grande quantité de sang. Un animal, qui a perdu beaucoup de sang, résiste très peu à l'asphyxie, parce qu'il manque de globules sanguins.

Remarquons en passant la différence qui sépare la respiration animale de la respiration végétale. La respiration des végétaux consiste surtout en des réductions, qui donnent lieu à un dégagement d'O. tandis que la respiration animale est exclusivement une oxydation. Le sang peut accomplir les échanges gazeux, non seulement dans les poumons, mais au niveau de toute surface en contact avec l'atmosphère. Ainsi la grenouille respire aussi bien par la surface cutanée que par la muqueuse pulmonaire. De même chez les animaux supérieurs et chez l'homme la peau se prête aux échanges entre le sang et le milieu extérieur.

Les globules du sang absorbant l'O. de l'air, un animal arrive par sa respiration à débarrasser complètement d'O. un espace clos. D'autre part, en vase clos, un animal peut dégager assez de CO_2 pour en saturer cet espace. Si la pression de CO_2 dans l'air altéré équilibre celle du gaz dans les capillaires pulmonaires il n'y a plus élimination de CO_2 du sang et la respiration des tissus est arrêtée. Les aéronautes ou les ascensionnistes des hautes montagnes sont sujets à certains malaises (fatigues, refroidissements, tendances au sommeil). L'O manque pour entretenir les combustions, produire la chaleur et les forces. P. Bert a montré que les changements de pression barométrique agissent sur l'organisme par le changement qu'elles apportent dans la quantité d'O. atmosphérique. La diminution excessive de la pression exerce une influence funeste sur l'organisme humain. Les expériences de P. Bert ont donné le moyen de combattre les effets de la diminution de pression en respirant de l'O. pur. C'est la précaution que prennent aujourd'hui ceux qui s'élèvent en ballon à une grande hauteur. Dans le mal des montagnes, l'ensemble des sensations douloureuses, dont le corps est le siège, est dû également à une diminution de l'O. dans le sang.

Quand la respiration s'arrête, il y a asphyxie. Elle se produit soit par privation d'air, soit parce qu'il n'y a plus d'O. à absorber ou que l'acide carbonique des tissus ne peut plus se dégager, soit qu'il y ait intoxication, c'est à-dire absorption de gaz pernicieux.

Dans l'asphyxie dans une atmosphère confinée, il y a arrêt de la respiration et par la diminution de l'O, et par augmentation de CO_2. Les plus habiles plongeurs de perles ne peuvent rester plus de 2 minutes sous l'eau et les noyés ne peuvent généralement être rappelés à la vie, après 6 ou 7 minutes de submersion. Dans la mort naturelle, le sang est entièrement privé d'O. De là, cette opinion de P. Bert, un peu paradoxale dans son énoncé, que « l'on meurt toujours d'asphyxie. »

P. Bert a montré que l'air comprimé à un certain degré tue tous les êtres vivants. Les échanges gazeux ont une grande influence sur le fonctionnement du système nerveux. C'est ce tissu qui a le plus besoin d'O. Aussi les premiers symptômes de l'asphyxie sont des troubles nerveux. Si l'on couvre la peau d'un enduit imperméable la respiration s'affaiblit, se ralentit, s'arrête même parfois.

La température du corps humain est d'environ 37°. Pour s'opposer aux déperditions de chaleur par la surface du corps, celui-ci est revêtu par une enveloppe cornée, qui constitue les couches superficielles de l'épiderme. La plupart des régions du corps sont couvertes de duvet, de poils, qui emprisonnent une couche d'air constituant un corps mauvais conducteur de la chaleur. Enfin, dans le derme se trouve une couche de graisse, d'autant plus développée, que la perte de chaleur serait plus facile (nouveaux-nés, animaux des contrées glaciales). L'organisme lutte plus difficilement contre les élévations exagérées de la température de l'air ambiant. Ce sont les mêmes organes qui servent doués d'un faible pouvoir conducteur. Le principal préservatif réside dans les phénomènes d'évaporation qui se produisent au niveau du poumon et de la surface cutanée,

Les 10 mètres cubes d'air inspirés par 24 heures ne contiennent que 50 à 60 grammes de vapeur d'eau. L'air expiré en renferme 3 à 400 et souvent plus : cette production est accompagnée d'un dégagement de chaleur. Elle représente un moyen d'équilibre de la chaleur intérieure, quand celle-ci tend à s'élever, comme dans les exercices violents, la course, etc. Chez l'homme c'est surtout l'évaporation de la sueur qui nous permet

7

de lutter contre l'excès de chaleur. C'est par la peau que nous apprenons à connaître la température de l'air. Si la sueur nous défend contre un excès de température, elle présente de grands dangers ; si un refroidissement se produit, il cause des troubles très graves et peut amener la mort.

Les odeurs atmosphériques sont perçues par le sens de l'olfaction dont le siège est dans les fosses nasales. L'olfaction s'exerce sur des corps gazeux suspendus dans l'air ou des particules solides, très petites, en suspension. La présence de la vapeur d'eau favorise l'olfaction. Ainsi, les fleurs sont plus odorantes par un temps humide que par un temps sec. Cependant, une trop grande quantité de vapeur, introduite dans les fosses nasales, arrête l'olfaction (diminution par temps de brouillard). Pour que les sensations olfactives se produisent, il faut que les vapeurs odorantes soient amenées par un courant d'air. Pour flairer, il faut aspirer l'air par petites inspirations successives avec un courant d'air lent et faible ; l'air expiré, quelle que soit sa richesse en particules odorantes, ne produit aucune impression en traversant les fosses nasales. C'est là une propriété bien connue des gourmets. Pour apprécier le bouquet d'un vin introduit dans la bouche, ils expirent doucement en avant et en haut par la bouche et aspirent doucement et par petites saccades, l'air en contact avec leurs narines.

Le sens auditif a pour effet de faire percevoir les

ondes sonores que les corps en vibration produisent dans l'air. Chez les animaux aériens, l'oreille se compose de 3 parties ; oreille interne, oreille moyenne ou caisse du tympan, destinée à faciliter le passage des ondes de l'air dans le milieu liquide, placé dans l'oreille interne ; enfin l'oreille externe, composée du pavillon de l'oreille et du conduit destiné à concentrer les sons et à les amener au nerf auditif.

La membrane du tympan est très riche en vaisseaux, comme le pavillon de l'oreille. Ceci a pour effet de maintenir la température de ces parties qui doivent toujours rester découvertes et exposées à l'air.

Les vibrations arrivent au liquide de l'oreille (labyrinthe) soit par la chaîne des osselets, soit par les os de la tête, comme cela se produit chez les personnes qui ont perdu la chaîne des osselets. Elles entendent les sons émis au loin, en tenant appuyée entre les dents une feuille de carton qui recueille les ondes sonores et les transmet aux parties solides du crâne. Dans tous les cas, c'est le liquide du labyrinthe qui reçoit les vibrations sonores transmises par l'atmosphère et les communique au nerf acoustique.

Arrivons maintenant à l'étude du rôle de l'atmosphère chez les végétaux aériens. Une des fonctions les plus importantes que remplit le végétal dans l'air est la respiration: c'est donc de cette fonction dont nous allons nous occuper tout d'abord. Le corps de la plante agit continuellement en tous ses points sur les gaz libres de l'atmosphère ; il y a absorption de l'O. et dégagement de CO_2. L'O. absorbé n'est rejeté à l'état de CO_2 qu'après une longue succession de réactions intermédiaires. Cependant, il existe un rapport entre le commencement et la fin de toutes ces réactions. Le rapport du volume de CO_2 émis au volume de l'O. absorbé dans le même temps varie d'une plante à l'autre, et dans une même plante avec les conditions où elle se trouve ; mais pour une même plante, au même âge, dans le même membre, il est constant et indépendant des conditions extérieures atmosphériques. Il est souvent égal à 1, c'est-à-dire que l'O. dégagé à la fin dans CO_2 représente exactement l'O. libre absorbé au commencement. Souvent aussi, il est plus petit que 1, c'est-à-dire qu'une partie de l'O. absorbé est définitivement assimilée. En tout cas, l'absorption de l'O. et le dégagement de CO_2 sont les 2 parties d'une seule et même fonction : la respiration. Le corps de la plante respire et l'intensité de sa respiration varie avec la nature de la plante, son âge et les conditions atmosphériques extérieures. L'atmosphère pénètre dans le sol, la racine y absorbe l'O et dégage CO_2 : la racine respire ; pour devenir propre à la végétation, le sol doit donc être et demeurer aéré.

A moins d'être entièrement submergé, le corps de la plante émet incessamment de la vapeur d'eau dans le milieu extérieur : c'est la transpiration, fonction variable avec la nature de la plante et les conditions at-

mosphériques. Les plantes pourvues de la matière co-
lorante verte, appelée chlorophylle, prennent le carbone nécessaire à l'édification de leur corps à l'acide
carbonique du milieu extérieur. Cet acide carbonique
se décompose à l'intérieur de la plante à l'aide des
rayons lumineux absorbés par la chlorophylle. Cette
décomposition exige l'intervention incessante de la lumière. A cette absorption de CO_2 correspond en même
temps une émission d'O. dans le milieu extérieur ; le
carbone reste fixé dans la plante où il y est assimilé.

La feuille se développe dans l'atmosphère. Elle y
respire ; elle y transpire ; elle y assimile du carbone,
comme la tige, mais avec une énergie bien plus grande,
en rapport avec sa plus grande surface. La transpiration des feuilles atteint en un jour une grande intensité, un grand soleil en pot transpire en moyenne pendant les 12 h. du jour, 625 gr. d'eau ; un plant d'avoine,
pendant la durée entière de sa végétation (90 jours),
dégage 2 k. 278 d'eau : ce qui donne, par jour, pour
un hectare d'avoine contenant 1 million de plants,
25.000 kilogrammes d'eau. A l'obscurité, la transpiration est faible. Une feuille de blé dégage en une heure
au soleil 168 milligrammes d'eau, à l'obscurité un seul.
La transpiration de la feuille dépend de l'état hygrométrique : plus l'air est humide, moins la feuille transpire. Pourtant, à la lumière, la feuille transpire encore dans une atmosphère saturée, ce qui n'a pas lieu
à l'obscurité, et ceci fait voir que, dans la transpiration,

il y a autre chose qu'une simple évaporation. L'agitation de l'air active la transpiration. Dans les conditions naturelles, cette transpiration suit chaque jour des variations régulières. Le poids d'eau transpirée par heure augmente progressivement le matin, atteint son maximum vers deux heures de l'après-midi, puis s'abaisse peu à peu jusqu'au soir.

La transpiration est plus énergique dans les feuilles des plantes herbacées (graminées) ; elle est plus faible sur les feuilles caduques des arbres et arbustes. Elle est minima sur les feuilles charnues : un champ de maïs, contenant 30 plants au mètre carré, dégage par H. a. [1] en 16 h. de jour 36.000 kilogrammes d'eau. Un champ de choux, où les plants sont espacés de $0^m, 50$, dégagent par H. a. en 12 h. de jour 20.000 kilogrammes d'eau. Un chêne isolé portant environ 700.000 feuilles a transpiré, de juin en octobre, en 5 mois, une quantité totale de 111.225 kilogrammes d'eau. On peut se figurer par là quelle énorme quantité d'eau est déversée chaque jour dans l'atmosphère par les feuilles des herbes des prairies et des champs ainsi que par celles des arbres des forêts.

Sous l'influence de la lumière et grâce à la chlorophylle qu'elle contient, la feuille décompose CO_2 qu'elle renferme et produit de l'O. résultant de cette décomposition. La quantité de CO_2 décomposée dépend de la

[1] Hectare.

nature de la plante. Les plantes grasses en décomposent beaucoup moins que les plantes herbacées. Cette décomposition dépend encore de la pression de CO_2 dans l'air ambiant.

La respiration de la feuille est un phénomène continu. L'assimilation du carbone au contraire n'a lieu que quand la feuille est éclairée et lorsque l'intensité de la lumière dépasse un certain degré ; elle ne se produit que dans les cellules vertes et à leur intérieur. A l'obscurité ou à la lumière diffuse, la feuille ne fait que respirer ; c'est dans l'air qu'elle puise tout l'O. nécessaire ; mais dès que la lumière augmente d'intensité, CO_2 de la feuille est décomposé, son O. mis en liberté. C'est à cette source que ce membre prend d'abord une partie, puis, à mesure que la lumière augmente, la totalité de l'O. nécessaire à sa respiration. La feuille absorbe donc de moins en moins d'O. dans le milieu extérieur et enfin n'en absorbe plus du tout. A un certain moment, pour une certaine intensité lumineuse, la décomposition de CO_2 réalisée par la feuille lui fournit exactement tout l'O. dont elle a besoin. Il y a alors compensation entre la respiration et l'assimilation du carbone ; puis, si l'intensité lumineuse augmente, il y a plus d'O. produit que d'O. consommé par la feuille et l'excès se dégage dans l'air extérieur. Au point de vue de l'O., l'assimulation excède alors et masque la respiration.

Nous retrouvons une série analogue de faits pour

CO_2. A l'obscurité on a une lumière diffuse faible, la feuille déverse dans l'air tout l'acide carbonique qu'elle produit par sa respiration ; mais si la lumière augmente, elle décompose une partie de CO_2 produit. C'est seulement l'excès qui se dégage et cet excès diminue de plus en plus, à mesure que la lumière augmente. Cet excès devient nul et alors la feuille n'altère en rien l'atmosphère qui l'entoure : il y a équilibre entre les deux fonctions inverses. Si la lumière augmente encore d'intensité, elle décompose plus d'acide carbonique que la feuille n'en produit ; la différence est alors puisée dans l'atmosphère ambiante ; au point de vue de CO_2 c'est l'assimilation qui excède et masque alors la respiration.

Avec une lumière intense, la décomposition de CO_2, bien que exclusiment locale, est bien plus énergique que sa production, qui s'opère à la fois dans tous les points intérieurs. Au soleil un mètre carré de feuilles de laurier-rose absorbe par heure 1, 108 de CO_2 de l'air ambiant. A l'obscurité, la même surface n'en dégage dans le même temps que 0,07, c'est-à-dire environ 16 fois moins.

On sait que le pollen est la poussière fécondante des végétaux. Les grains en sont facilement transportés par l'atmosphère. Ils sont tantôt à surface lisse et égale, et tantôt marqués d'accidents, dont les un dits *accidents en relief* sont des pointes, des tubercules qui facilitent le transport des grains par l'air. Dans le pin, le sapin,

le cèdre, etc., le grain porte de chaque côté une am-
poule pleine d'air creusée dans l'épaisseur de sa membrane. Ces deux flotteurs l'allègent et facilitent son
transport dans l'atmosphère.

La fleur absorbe énergiquement l'O. de l'air et en
même temps, dégage CO_2 en volume sensiblement
égal à celui de l'O. absorbé ! En un mot, elle respire
activement. Aussitôt après l'épanouissement, la respiration est plus intense et plus active à l'obscurité
qu'à la lumière. Elle dégage de la chaleur. La respiration est donc une vraie combustion.

La fleur exhale continuellement dans l'atmosphère
de la vapeur d'eau. Elle transpire activement. Cette
transpiration est plus active à la lumière qu'à l'obscurité et le soir elle diminue brusquement.

Le transport des grains de pollen constitue la *pollinisation*. Ce transport entre deux fleurs séparées souvent par de grandes distances, a lieu par l'atmosphère,
les vents. La majeure partie de ces grains se perd en
route. Le sol des campagnes, les champs de neige des
Alpes se montrent quelquefois sur de grands espaces,
tout couverts de pollen, enlevé aux arbres des forêts
lointaines, et comme saupoudrés d'une couche de soufre. Aussi la pluie, qui les abat, est connue sous le nom
de *pluie de soufre*. Si le vent est souvent le seul
moyen de transport du pollen, il arrive aussi parfois
que les insectes jouent un rôle dans la pollinisation.

L'embryon, qui sommeille dans la graine, respire,

mais faiblement. En interdisant l'accès de l'air de
façon à empêcher l'oxydation on prolonge beaucoup
la durée de la maturité des graines. C'est ainsi qu'on
a pu faire germer des graines extraites des tombeaux
gallo-romains. Les graines oléagineuses cessent de
pouvoir germer après quelques années d'exposition à
l'air par suite de l'oxydation de l'huile qu'elles ren-
ferment. Pendant toute la durée de la période ger-
minative, la plante respire activement et transpire.

VII

Etude hygiénique de l'atmosphère.

Atmosphères confinées : chauffage et éclairage. — Hôpitaux. — Hygiène de diverses industries. — Expériences de Aillen, de Lodge. — Hygiène relative aux microbes — Ferment spécial à chaque fermentation. — Générations spontanées. — Expériences de Pasteur. — Transport des germes par l'atmosphère. — Antiseptiques. — Epidémies spontanées, etc.

L'atmosphère, où nous vivons, agit sur notre organisme et le modifie sans cesse. D'ailleurs, l'air est pour nous un véritable aliment, par l'O. qu'il renferme ; c'est lui qui entretient en nous la chaleur et la vie. Les moindres variations de ce milieu qui nous entoure et pénètre en nous, réagissent aussitôt sur toutes nos fonctions vitales.

L'état hygrométrique de l'air est une des conditions extérieures qui influent le] plus sur les respirations pulmonaire et cutanée : l'air chaud et humide exerce

sur les centres nerveux une influence dépressive ;
l'air froid et humide diminue la transpiration cutanée
et augmente la sécrétion urinaire. L'homme résiste
bien plus aisément aux diminutions qu'aux excès de
pression atmosphérique. C'est seulement à une hauteur
de 4 à 5000 mètres que surviennent l'accélération du
pouls, la lassitude, le besoin de sommeil. Au contraire
l'acide carbonique expiré diminue très sensiblement
pour une augmentation de pression de 15 à 20 millimètres de mercure et les sujets qui y sont soumis se
plaignent aussitôt d'un sensation de froid.

L'homme passe plus de la moitié de sa vie dans des
espaces clos (maisons, fabriques, hôpital, mine, vaisseaux, etc.). Il subit surtout par l'air qu'il y respire,
des troubles parfois profonds, souvent funestes, qui
ont, dans le développement des maladies de l'individu,
une influence beaucoup plus grande que celle des
climats, du sol et des localités. Aussi, allons-nous
nous occuper un instant de ces atmosphères confinées.

Toute habitation doit défendre l'homme contre le
chaud et le froid, tout en permettant le renouvelle-
ment de l'atmosphère intérieure qui, naturellement,
doit être aussi pure que possible. On doit donc choisir les matériaux les moins altérables à l'air humide,
qui transporte un si grand nombre de ferments capables de produire des microbes pathogènes. En général on enduit les murs de plâtre et on les recouvre

de papiers peints et de tentures qui reçoivent tout ce
que charrie l'air ambiant et servent de refuge aux insectes. Les pièces d'une habitation doivent être assez
grandes pour que l'air qu'elles contiennent reste res-
pirable pour les habitants au bout de la plus longue
période de séjour qu'ils ont à y faire. La chambre à
coucher doit donc être plus grande que les autres pièces,
dont l'air peut être renouvelé par l'ouverture des fenê-
tre l'été et par la combustion d'un foyer l'hiver.

Au bout de 8 heures, un adulte, placé dans une
chambre de 30 mètres de capacité, respire environ
3336 litres d'air contenant de 4 à $\frac{5}{100}$ de leur volume
de CO_2 par sa respiration, il produit au maximum
200 litres de CO_2. L'air de la chambre contiendra un
peu moins de $\frac{7}{1000}$ de CO_2, c'est-à-dire le 1/7 de la
quantité qui existe dans l'air expiré (4 à $\frac{5}{100}$ en volume.) Cet air est presque complètement irrespirable ;
mais déjà un air confiné, dans lequel existent $\frac{7}{1000}$ de
CO_2 donne une sensation de lourdeur. Aussi le cubage
d'une chambre à coucher doit être au moins de 30 mètres. Remarquons cependant que de l'air s'introduit
par les joints des fenêtres et des portes, les ouvertures
des cheminées, etc., qui font que le volume réel de l'air
dont on dispose est supérieur à celui de la chambre.
On admet en général que pour une chambre à coucher
4 mètres d'air sont nécessaires par tête et par heure ;
les autres pièces pourront avoir une capacité moindre.

Le chauffage par les poêles ou mieux par les cheminées constitue un bon procédé d'assainissement des habitations, en renouvelant très rapidement l'air. Un bon foyer doit toujours entraîner dans la cheminée tous les produits de la combustion. Quand on élève la température de l'air d'une enceinte, on diminue son état hygrométrique, on le dessèche : les poumons en éprouvent une sensation d'irritation nuisible. Il est alors nécessaire d'entretenir sur le poêle ou devant la cheminée un vase plein d'eau, qui verse sans cesse ses vapeurs dans l'atmosphère confinée.

Les poêles en fonte, surtout les poêles neufs, bien frottés de mine de plomb (plombagine) peuvent parfois donner lieu à de véritables empoisonnements dûs au dégagement d'une petite quantité d'oxyde de carbone à travers la fonte. On devra éviter les foyers fumeux et surtout ceux que l'on place parfois au milieu d'une pièce et qui y déversent tous les produits de la combustion (chauffrettes). Le charbon, dès qu'il brûle mal, produit beaucoup d'oxyde de carbone.

L'éclairage par l'huile, les bougies, le gaz, est encore une source d'altération de l'air confiné. A Paris, un bec d'éclairage brûle de 130 à 150 litres de gaz par heure et enlève à l'air de 190 à 220 litres d'O. Dans l'établissement de la ventilation des salles, il faudra tenir compte de ces chiffres. Les quantités d'air à fournir par la ventilation aux salles, destinées par leurs usages à contenir une agglomération d'individus, varient avec ses usages. On admet que pour la bonne aération d'une salle publique, il faut 21 mètres d'air renouvelé par tête et par heure et autant de fois 200 mètres par heure qu'il y a de becs de gaz allumés. Dans les hôpitaux, la quantité d'air renouvelé par heure et par lit doit être portée à 60, 65 et même 70 mètres. Il faut se rappeler en effet, que l'air confiné d'une salle devient irrespirable, non seulement par suite de l'augmention de CO_2, mais encore parce qu'il contient tous les produits de la respiration cutanée et des exhalations superficielles du corps.

L'éclairage à l'essence de pétrole répand des gaz hydrocarbonés, qui deviennent la cause de maux de tête. Le séjour continu dans une enceinte, où l'on brûle le gaz d'éclairage, fait diminuer dans le sang les globules rouges, c'est-à-dire la partie du sang, qui entraîne l'O. aux capillaires. Aussi, l'éclairage électrique est-il celui qui présente les qualités hygiéniques les plus considérables.

Les cimetières sont placés en général hors des villes. Il devrait en être de même des hôpitaux, car un malade répand plus de germes nuisibles qu'un cadavre enterré dans le sol. S'il est atteint d'une affection contagieuse ou épidémique, il est plus dangereux dans l'enceinte d'une ville qu'un corps mort, même mal enfoui. Les hôpitaux doivent recevoir de l'air pur et dans ce but être entourés d'arbres et de végétaux verts qui assainissent son atmosphère. Ce sont les

mêmes raisons hygiéniques, qui ont conduit au deve-
loppement des squares et des jardins dans les grandes
villes populeuses. Grâce au chauffage par des cheminées centrales, l'air est dépouillé au moins partiellement de ses germes. Un hôpital ne peut alors devenir
un foyer d'infection qui rejette sans cesse dans l'atmosphère de l'air infecté. Les médecins ont observé
combien les maladies traitées en plein air et sous la
tente donnaient de nombreux succès. Dans sa relation de l'expédition du Mexique, Coindet raconte que
des blessés eurent à voyager, en plein air, sur des
chariots pendant plusieurs semaines. Le nombre des
morts fut infiniment plus faible qu'il ne l'avait été
dans les hôpitaux. En 1854 le choléra sévissait à Varna
sur l'armée française. Deux hôpitaux de l'intérieur de
la ville donnèrent une mortalité de 26,5 0/0. Il en fut
installé 3 sous la tente à 6 kilomètres de la ville. Ils
donnèrent 6 0/0. De là l'usage, généralisé surtout
aux Etats-Unis, d'hôpitaux formés de pavillons isolés,
établis au milieu de jardins.

Les principales causes de l'altération de l'air confiné
sont les produits organiques de la respiration animale, les gaz provenant des intestins, l'absorption de
l'O. par les animaux et les plantes, les produits de la
respiration des plantes, enfin l'émission de poussières
dans certaines industries. L'acide carbonique en excès
dans l'air agit comme un poison, en empêchant
l'exhalation des gaz du sang veineux.

L'air des mines est quelquefois remarquable par une diminution notable d'O., absorbé par les parois des roches pyriteuses. L'air des mines peut contenir jusqu'à 10 0/0 de formène, sans devenir irrespirable, si l'O. forme à peu près $\frac{1}{5}$ du volume total.

Le séjour habituel dans un air confiné a pour effet de conduire l'homme à l'appauvrissement du sang en globules (anémie) ; quand l'homme est enfermé brutalement dans un espace encombré très restreint (marins à bord, — prisonniers, etc), il se produit des affections de la peau et des fièvres à caractère typhique (typhus des armées), etc. etc. Le contact de l'air libre, qui fouette la peau et excite les poumons, est indispensable au bon fonctionnement de la respiration.

Nous allons maintenant passer en revue quelques-unes des altérations spéciales de l'air, qui se produisent dans certains milieux, où les ouvriers exercent leur métier. Les tanneurs, les teinturiers, les blanchisseurs, reçoivent en général un air assez chargé d'émanations animales. Cependant l'air ainsi vicié est moins dangereux que celui qui est dû à l'encombrement d'hommes sains ou à la présence d'un malade. Les ouvriers qui travaillent le lin, le chanvre, le coton respirent un air chargé de fins débris végétaux, qui sont absorbés par les voies respiratoires et y produisent des troubles. Les ouvriers qui manipulent le mercure, sont sujets à des accidents dus aux vapeurs mercurielles, qui se répandent dans l'atmosphère des usines. Ceux qui travaillent la silice, le grès, l'émeri, le plâtre, etc., absorbent des poussières de ces corps, charriés par l'atmosphère ambiant. Les ouvriers des mines de charbon et tous ceux qui manipulent le charbon, ont l'intérieur des poumons tapissé d'une substance noire, formée principalement d'une poussière de charbon très fine. Les ouvriers des mines de fer et de zinc ne paraissent pas avoir de maladies spé- ciales, comme ceux qui travaillent le plomb, l'arsenic, le mercure et l'antimoine. Les ouvriers employés dans les industries chimiques respirent également toutes sortes de gaz et de vapeurs.

La fabrication de l'acide sulfurique répand au loin dans la campagne des quantités de vapeurs pernicieuses, si considérables que la végétation disparaît souvent entièrement. Près de Sainte-Hélène dans le Lancas- hire, toute plante, tout oiseau, tout insecte sauf quelques exceptions très rares, ont disparu. Cette dé- solation est produite par la réunion dans le même district, de 10 fabriques de soude, qui lancent dans l'atmosphère des vapeurs acides et une épaisse fumée de charbon. Toutes ces industries et spécialement celle de la fabrication de la soude, qui produit des torrents d'acide chlorhydrique, sont extrêmement nuisibles aux plantes, aux animaux, à l'homme.

Les poussières, les fumées contenues dans l'air facilitent la condensation de la vapeur d'eau atmos•—

phérique et provoquent les brouillards. C'est ce qu'a
montré M. Aitken en prenant deux larges flacons en
verre, contenant l'un de l'air ordinaire, l'autre de l'air
bien exempt de poussière ; par le refroidissement, il
vit l'atmosphère du premier devenir opaque, alors
que celle du second restait transparente. Plusieurs
savants se sont alors demandé s'il ne serait pas possible de supprimer les poussières parfois dangereuses,
souvent incommodes. M. Lodge a montré que si l'on
prend une cloche, dans l'atmosphère de laquelle on fait
brûler du phosphore, les épaisses fumées qui se forment,
ne se déposent que très lentement. Mais si l'on fait passer quelques étincelles électriques, la fumée se dépose
immédiatement. L'effet est toujours le même, quelque soit le corps, qu'on fasse brûler sous la cloche.
Voici comment l'industrie a profité des travaux de
M. Lodge. Dans les usines à plomb, on dispose près
des fours de puissantes machines électriques, mues
par une machine à vapeur et aussitôt de gros flocons
de suie tombent sur le sol. Les procédés de M. Lodge
permettent aux industriels d'augmenter d'une manière
notable les produits de leur industrie. Ils permettent
en même temps de débarrasser l'atmosphère de certaines usines des produits malsains qui s'y répandent.
Il suffit d'opérer des décharges électriques dans les
ateliers, pour que les poussières se déposent sur le sol
et cessent d'être absorbées par les poumons des ouvriers.

Dans une atmosphère confinée, dès que la quantité d'acide carbonique arrive à une certaine valeur, CO_2 tend à être dissous par le sang et l'animal tombe dans un narcotisme suivi de mort, alors même que le volume d'O. se maintient aux environs de 20 0/0. Cependant l'intoxication est d'autant plus rapide que l'appauvrissement de l'air en oxygène est plus grand. La ventilation doit toujours être telle que CO_2 ne dépasse jamais 1 0/0 de la pièce ventilée.

Au point de vue hygiénique, l'atmosphère qu'on doit rechercher est une atmosphère contenant l'O. et l'Az. dans la proportion de 1 à 5 et telle que CO_2 et tous les autres produits, fournis par l'organisme soient balayés au fur et à mesure de leur production.

Arrivons maintenant à la dernière partie très importante qui doit nous occuper et que nous pouvons appeler l'hygiène des microbes atmosphériques. Ce que nous avons déjà dit des microbes de l'air nous permet de comprendre qu'un grand nombre de maladies parasitaires aient pour cause des germes venus du dehors, déposés à la surface de la peau ou absorbés à l'intérieur avec l'air et les aliments. Ces germes, lorsqu'ils rencontrent dans l'organisme des milieux de culture convenables, s'y développent en désorganisant les tissus et produisant certaines maladies. Le rôle des microbes est surtout intéressant à connaître dans le développement des maladies contagieuses, aussi s'est-on attaché à déterminer avec soin l'existence, la nature et les effets des organismes microscopiques. Ce sont ces études, qui, depuis les travaux de M. Pasteur, ont fait les fondements de la microbiologie contemporaine.

Beaucoup de matières jouissent de la propriété de se putréfier à l'air avec une extrême facilité et d'être ainsi des milieux très favorables au développement des germes qui existent dans l'air, comme l'ont montré Moscati, puis Boussingault. En prenant des ballons remplis de glace et les exposant à l'air, ils obtinrent à leur surface un givre, dont la fusion donna un liquide, qui laissa bientôt déposer des flocons de matières excessivement putrescibles. On a établi que chaque fermentation est due à un ferment spécial qui, en se développant dans un milieu donné, y produit toujours les mêmes phénomènes de décomposition. On a cru pendant longtemps que les fermentations organiques se faisaient spontanément ; c'est M. Pasteur qui a détruit cette théorie des générations spontanées en faisant voir que les fermentations étaient dues à des germes microscopiques aériens. Dès 1754, Baker remarquait qu'il suffit de déposer une gaze fine à la surface d'un liquide, facilement altérable à l'air, pour en empêcher la décomposition et enrayer le développement des petits organismes, qui se forment dans ces liquides et coïncident avec leur putréfaction. Mais il était réservé à M. Pasteur d'isoler ces infiniments petits de la matière organisée par une méthode qui permet de les recueillir intacts, de les compter et de les étudier au microscope, de les semer dans des milieux convenables, et enfin, d'en suivre pas à pas les développements successifs et parfois leur évolution complète. Voici d'ailleurs les expériences par lesquelles Pasteur a établi nettement l'existence des germes atmosphériques et leur rôle dans les fermentations. On filtre un volume d'air connu à travers un tampon de coton-poudre stérilisé, c'est-à-dire, chauffé à assez haute température pour que tous les germes organisés aient été détruits. Ce tampon arrête toutes les poussières en suspension. Si on dissout le coton dans l'éther, qu'on étudie le résidu au microscope, on trouve des substances enlevées aux divers corps inertes qui nous entourent, par exemple, des poils de laine, des barbes de plume, des fils d'araignées, des fragments de coton, de soie, des grains de pollen, de fécule, etc. Puis de très petits organismes végétaux et en dernier lieu des bactéries de $\frac{6}{10}$ millimètres de diamètre, des corpuscules infiniment petits qui semblent être la dernière limite jusqu'où la science humaine, armée du microscope, puisse poursuivre dans le domaine de l'infiniment petit, la forme de la matière douée de vie.

Les germes de moisissure se déposent sur tous les corps ; l'air en est le véhicule. Parmi ces germes, il y en a de dangereux pour la santé humaine, qui occasionnent de véritables maladies, en développant des microbes tels que ceux du typhus, du choléra, de la tuberculose et d'une foule de maladies contagieuses, contre lesquelles la science était complètement désarmée. On sait que certains liquides organiques baignés par l'air, tels que le bouillon, le lait, les jus sucrés subissent des altérations rapides. M. Pasteur a montré que ces altérations étaient dues uniquement à l'air atmosphérique et aux germes qu'il renferme toujours. Il a montré que les liquides les plus altérables ne fermentent pas, s'ils ne contiennent pas de germes, ou s'ils sont baignés par un air qui en soit privé. Il place le liquide fermentescible dans un matras de verre, dont le col est adapté à un tube de platine, qu'on peut chauffer au rouge. On porte le liquide à l'ébullition. On chauffe également les parois et le col du ballon, pour détruire, par la chaleur, tous les germes, qui pourraient exister ; puis on laisse rentrer l'air par le tube de platine chauffé à une température élevée. Enfin, quand le matras est bien refroidi, on le ferme, en étirant son col à la lampe. Les liquides se conservent ainsi, indéfiniment, sans accuser de fermentation. Mais si l'on vient à ouvrir le ballon, au bout de très peu de temps le liquide s'altère, et la fermentation se développe. Une deuxième expérience consiste à prendre un ballon, contenant le liquide altérable : on étire longuement le col, en ayant soin de donner 2 ou 3 courbures à la partie étirée. On fait bouillir le liquide ; on chauffe les parois et le col étiré du ballon ; on fait rentrer l'air lentement. On constate que le liquide reste encore inaltérable. Les germes, que l'air contenait, sont arrêtés aux différentes courbures, qu'il est obligé de traverser. Ces expériences montrent bien l'existence des ferments dans l'air et l'on comprend le rôle considérable qu'ils peuvent avoir. Nous sommes entourés d'une foule de microbes, qui, en pénétrant dans notre organisme, peuvent s'y développer, au moment où celui-ci présente un affaiblissement quelconque.

D'après Pasteur, un litre d'air contient, dans les villes, une foule de germes, capables de provoquer des fermentations, en bien plus grand nombre que dans l'air de la campagne. Un litre d'air pris au sommet du Jura ne lui a donné que 5 fois sur 20 des germes pouvant servir de ferment ; à Montauvert, sur la Mer de Glace, une fois sur 20. Enfin dans les caves de l'observatoire de Paris, l'air en est resté toujours exempt. La vapeur d'eau condensée sur des corps froids au-dessus des marais de la Sologne a donné naissance à un grand nombre d'êtres microscopiques, dont on a pu suivre les développements.

Dans quelques maladies contagieuses ou épidémiques, on a réussi à découvrir un microbe particulier transmissible, propre à ces affections, et tout concourt à nous faire attribuer au développement de microbes un rôle spécial dans l'origine et la marche des diverses épidémies. Le temps qui s'écoule entre la contagion et l'apparition des premiers symptômes de la maladie coïncide avec celui qui est nécessaire au développement et à la multiplication de ces êtres microscopiques. La maladie semble suivre les phases de la production, du développement et de la disparition des germes. Les évacuations, rendues par les malades, en contiennent beaucoup. On les retrouve sur les muqueuses enflammées des malades et leurs déjections peuvent servir à propager la contagion.

.Tous les petits organismes dont nous allons parler ne sont point contenus dans l'air normal; mais les ferments capables de les reproduire peuvent s'y rencontrer. De leur développement dans les divers milieux, où ils peuvent se déposer, naîtront, les fermentations, les moisissures, les putréfactions, un certain nombre de maladies de la peau, de maladies contagieuses, enfin la plupart des grandes épidémies telles que le typhus, le choléra.

En étudiant les organismes, que l'air emporte avec lui, on a pu en faire une classification qui comprend déjà un grand nombre d'individus et de variétés très nombreuses. Ce sont d'abord, les organismes végétaux donnant naissance aux moisissures, aux fermentations, telles que les maladies des vins, que M. Pasteur a conseillé de combattre par le chauffage ; on y trouve encore les origines de certaines maladies de la peau, telles que le muguet des enfants ; le mycoderme de la teigne appartient aussi à cette catégorie.

8

Ces parasites se déposent sur la peau par l'intermédiaire de l'air ou par la contagion directe et peuvent pénétrer dans le sang. A cette catégorie appartiennent encore les globules de la levure de bière, qui transforme le sucre en alcool (fermentation alcoolique), le mycoderma-aceti, qui transforme l'alcool en vinaigre, le microbe, qui produit la carie dentaire, etc.

Une seconde catégorie est constituée par des germes animaux qui s'attachent à la peau des animaux supérieurs, vivent dans leurs intestins ou leurs muscles ; ils nous sont parfois apportés par l'atmosphère. Mais ils sont aussi amenés dans l'organisme par les aliments ou les boissons (vers instestinaux). Enfin on trouve des microbes au sein des humeurs d'un grand nombre de maladies (bactéries, vibrions).

Dans la maladie des moutons, appelée sang de rate, on trouve de nombreuses bactéries dans le sang et ce liquide est apte à inoculer la même maladie.

Tous ces agents se répandent dans l'atmosphère et sont transportés par les vents, à cause même de leur simple état de suspension dans l'air ; il suffit souvent de se tenir à une faible distance des lieux infectés, de s'en séparer par des murs, d'éviter seulement le contact des objets ou des hommes, qui en ont été souillés, pour en être, dans bien des cas, complètement à l'abri.

Si le foyer d'infection est à l'air libre, qu'il ait sa cause première dans le sol, le plus sûr moyen, comme on l'a fait pour les marais de la Toscane, de la Camargue et de Narbonne, est d'exhauser le sol par un dépôt de limon ou de le dessécher par l'apport de terre; puis sur ce sol nouveau, il faudra faire prospérer une vigoureuse végétation.

Si l'infection est confinée sur une faible surface, dans des lieux clos, comme cela se présente dans les villes, dans les habitations, on pourra avoir recours aux désinfectants chimiques ou, comme on les appelle aujourd'hui, aux *antiseptiques*, qui empêchent les ferments de se développer, en les détruisant. Voici les principaux : l'acide sulfureux, le chlore et leurs composés, les sulfites et les chlorures; parmi les composés organiques, nous trouvons le phénol, le goudron, les essences aromatiques, le camphre, l'ozone. On a même exagéré la valeur de la présence de ce dernier dans l'air normal comme agent destructeur des microbes. Le permanganate de potasse est aussi très employé en solution, mais le procédé le plus certain de destruction des microbes est encore le maintien prolongé des objets à une chaleur d'une centaine de degrés environ. C'est le procédé de désinfection employé dans les hôpitaux pour désinfecter les linges, la literie, les vêtements qui ont été souillés par un malade (étuve Geneste et Herscher). Le froid empêche les microbes de se développer ; mais il ne les détruit pas, et des germes qui sont restés pendant longtemps dans l'air après avoir subi des températures froides, assez

considérables, ont pu donner naissance à des fermentations, presque aussi dangereuses que celles dues
aux germes qui n'avaient pas subi ces alternatives de
température. C'est ainsi qu'on a expliqué l'éclosion
spontanée de certaines épidémies de choléra qui ont
paru prendre naissance spontanément, dans certaines
contrée de l'Europe. Remarquons que l'O. a une
grande importance pour les animaux, car il intervient,
pour diminuer l'activité d'un grand nombre de germes
pathogènes. Ces germes atténués développent alors
sur les animaux des maladies moins dangereuses,
qui peuvent servir de vaccin contre les maladies vi-
rulentes qui ne récidivent pas. C'est grâce à cette
action de l'O. augmentée encore par la présence
de l'ozone que nous pouvons sans doute vivre dans
l'atmosphère des villes, si encombrée de germes de
toutes sortes. L'usage des antiseptiques, en se ré-
pandant pour les applications médicales, a permis de
diminuer beaucoup la mortalité dans un grand nombre de maladies très rapides, contre lesquelles on
était autrefois impuissant, par exemple : la fièvre
puerpérale des femmes en couches, etc.

Terminons en disant que le contact prolongé de
l'homme avec l'air extérieur, non-seulement a une action bienfaisante sur le corps en donnant aux poumons
l'O. nécessaire pour effectuer tontes les combustions
de l'organisme et pour éliminer toutes les matières
étrangères qui peuvent produire des troubles plus ou

moins graves ; mais encore il a sur l'âme la plus salutaire de toutes les influences : ce sont les grands spectacles, auxquels l'atmosphère nous convie, qui font naître en nous comme le pressentiment de l'ordre et de l'infinie grandeur qu'éveille le spectacle grandiose des beautés de la nature.

De même que lorsque les poumons se dilatent plus aisément, à l'air, on éprouve u: e sensation générale de bien-être, l'esprit lui aussi s'élargit et conduit l'homme à l'étude des phénomènes naturels les plus complexes. C'est donc un rôle hygiénique à la fois physique et moral que présentent pour l'activité humaine les grandes masses atmosphériques ; son importance est donc considérable et de tous les instants pour l'homme. Malheureusement, comme nous l'avons vu dans la suite de ce travail, les propriétés de l'atmosphère sont encore mal connues dans leurs détails ; aussi avons-nous voulu nous associer à l'entreprise généreuse de M. Hodgkins « pour étendre et pour répandre une connaissance plus précise de la nature et des propriétés de l'air atmosphérique considéré dans ses rapports avec le bien-être humain ».

CHAPITRE BIBLIOGRAPHIQUE

Les divers ouvrages, auxquels nous avons emprunté les documents contenus dans ce volume, sont les suivants. Nous y renvoyons le lecteur curieux de plus amples renseignements sur toutes les questions particulières, que nous n'avons pu qu'effleurer.

Phénomènes de l'atmosphère MOHN, avec préface de M. Henri de Parville

Chimie agricole, SCHLŒSING
Géologie, DE LAPPARENT
Traité de chimie, TROOST
Chimie appliquée, A. GAUTIER
Botanique, VAN TIEGHEM
Phys logie, MATHIAS DUVAL
Le Sahara, A. GUY
La Pluie et le Baromètre CH. LE MAOUT
L'Atmosphère FLAMMARION
La Mer et les continents ELISÉE RECLUS
L'Air et le Monde Aérien MANOIN
La Terre, les Mers et les Continents PRIEM

TABLE DES MATIÈRES

FIN DE LA TABLE

Imp. DESTENAY. Bussière frères. St-Amand (Cher).

Librairie de la FRANCE SCOLAIRE

17, rue Guénégaud, 17. PARIS

PIÈCES A DIRE

Aïeux et Descendants, par ALPHONSE BÉVYLLE. Poésie patriotique dit par M. Paul Mounet, de la Comédie Française, et par M. Henri Monteux, du Théâtre national de l'Odéon. Élégante plaquette, format carré, couverture illustrée par Jules Benoît-Lévy 0 60

Jeanne d'Arc, par MAURICE DOUAY. Poëme dit par Sarah Bernhardt (dépôt général à la Librairie) . . . . . 1 »

ÉDUCATION

L'Education populaire, *documents officiels*. — Projet de la Convention nationale (1792). — Appel de la Ligue de l'Enseignement (1894). — Congrès de Nantes (1894). — Décret du 11 janvier 1895. — Circulaire aux délégations cantonales. — Rapport de M. Édouard Petit au Ministre de l'instruction publique. — Le Congrès du Hâvre. — Congrès de Bordeaux et de Nantes. — Congrès technique. Circulaire relative aux exercices de tir. — Centenaire de l'Institut. — Index des noms cités. *Discours, Rapports, Circulaires et Portraits de :* Jean Macé, Léon Bourgeois, Ferdinand Buisson, R. Poincaré, Gréard, René Leblanc, Ed. Petit. Un volume in-18 broché de 320 pages . 2 »

Réorganisation des Cours d'Adultes. — Causeries, Conférences, Lectures publiques. Récréations littéraires et musicales, Fêtes civiques, par JEAN BONSENS (*Mémoire envoyé à une Réunion d'instituteurs*). Précédé du discours du 14 février 1895 de M. Buisson, directeur de l'enseignement primaire, et suivi des Décrets instituant les Cours d'Adultes et Conférences; une brochure de 52 pages 0 50

L'Education primaire, réponse à un questionnaire, par Victor Cavros, Paul Chauvet, J.-M. Nolot, E. Rotival, J. Eyphêne, Eugène Charlet, Michel Mourlevat, J.-Ch. Poirson, Henri Brunet, Aubertin, Ch. Ferroud, préface de F. Clerget, conclusion par E. Rotival 1 50

Des Bases classiques allemandes, par LÉON RIOROR. Historique de l'enseignement et de la littérature en Allemagne. Broch. petit in-18 . . . . 0 75

CATALOGUE GRATUIT SUR DEMANDE

SAINT-AMAND (CHER). — IMP. BUSSIÈRE FRÈRES